暮らしの
道具の選び方
明日を変えるなら
スポンジから

JN102979

一田憲子
Noriko Ichida

マイナビ

はじめに

知り合いがブログで面白い実験をしていました。「キッチンのスポンジは絶対に白がいい」と言う彼女。だったらどの会社のものがいいだろう?と「ラバーゼ」「無印良品」「亀の子スポンジ」などを、1か月間使い続け、その使い心地、泡立ち具合、速乾性、1か月後のくたびれ加減などを比較検討し、レポートするというものでした。

私もスポンジは白派なので、実験結果の写真がアップされるたびに、「1か月後にはこうなるんだ!」と驚いたり、「なるほど〜」と感心したり、結果を楽しみに見守っていました。

たかがスポンジ1個でも、こうやって自分で自分の道具をバージョンアップさせていくのが、「暮らしを楽しむ」ということの原点なんじゃないかなあと思います。

この本の取材で、器作家のイイホシユミコさんが「スコッチ・ブライト」のスポンジをもう何十年も使っている、と知りました。「スポンジは白」派だった私ですが、シンプル好みのイイホシさんが、あえて鮮やかな黄色×緑色のスポンジを使い続ける訳が知りたくて、真似して買ってみました。すると、汚れが落ちる、落ちる、落ちる！　ティーカップの茶渋も、鍋の焦げ付きも、コレ1個で事足りるのです。「うわ〜この威力を知ったら、手放せなくなるよな〜」と納得しました。

道具を使うって、こういうことだと思うのです。買って、自分の生活の中に取り入れて、初めてその価値がわかる……。その「わかる」プロセスこそが、道具を使うことのお楽しみ。

あるセレクトショップオーナーのおしゃれのセオリーにこんな一言がありました。『もう、持っている』はおしゃれの禁句」。ネイビーのパンツは「もう持ってる」。白シャツも「もう持ってる」。でも、今年のパンツは去年より、少しだけスリムかもしれないし、あのシャツと違って、このシャツは、襟の高さが少し低い……。見慣れたアイテムも、常に新たな目で選び直していくことが大事だと。

「ものを減らす」ことや「ミニマリスト」が流行るこのごろですが、私は若い頃から、一生懸命働いて、一生懸命ものを買い、いろんなことを学んできたような気がします。

私にとって、ものを買うということは、「知る」こととイコールでした。ものの良さを知ることはもちろんですが、コレを使っているあの人の暮らしってどんな日々なのだろう？　こういうものを使う人生からは、どんな景色が見えるのだろう？と、ものの後ろに繋がる、時間や暮らしや人生を知りたかったのだと思います。

もちろん、ものが多いと片付けたり、整理整頓に手間や時間がかかり、「持ち続ける」にはパワーが必要です。私も、50歳を過ぎ、不要なものを少しずつ手放し始めました。でも、ものを減らすのは、いっぱい買っていっぱい失敗し、いっぱいワクワクしてからでいい。そう思うのです。ものを減らそうとしている今でも、ワクワクする道具と出合ったら、間違いなく買うと思います。「よし、買い！」と選ぶ基準は、これを手に入れたら「明日がちょっと変わるかも」と感じること。新しいスポンジを手に、「お～！　こっちの方がいい！」と一人でにんまりする……。そんな時間が私は大好きです。スポンジ1個で明日が変わる。人はスポンジ1個で幸せになれる。そう考えると、なんだか嬉しくなってきます。

一田憲子

目次

なんでもないものを選べる人に／三谷龍二さん――64

備えて待ち、瞬間を逃さずつかみ取る／佐藤彩香さん――92

高くても自分で決めれば買っていい／唐澤明日香さん ―― 122

道具を買うと、見えないものが見えてくる／本多さおりさん ―― 142

※掲載されている情報は、取材当時（２０１７年８月）のものです。
※掲載されている商品はすべて私物であり、掲載商品の一部は、販売を終了しているもの、デザインを変更しているものがあります。あらかじめご了承ください。

「なんでもいいよ」と言えるようになりたい

いいものをたくさん見て、アレとコレの違いを知り、自分のものさしを磨く時期があります。きちんとこだわりを持って「コレ」と選べる人になりたい……。若い頃は「○○じゃなくちゃ」などと、選択肢の幅を狭めることが、かっこいいような気がしていました。

「このごろ、ストライクゾーンが広がってきたような気がするんです」と語るイイホシさん。10年以上前に知り合った頃から独自の「ものさし」を持つ人でした。

「18歳の頃、初めての一人暮らしで、シャレたホウロウの鍋を買いました。でもデザイン重視で選んだ鍋で、いざ料理をしようとしたら役に立たない！　雪平鍋に買い換えて、なんて使いやすいんだろうと感動しました。そんなちゃんと価値があるものが好きかな」。

周りの評判や流行りにとらわれず、自分で納得し

イイホシユミコさん

器作家、デザイナー。京都嵯峨芸術大学陶芸学科卒業後、自身のブランド「yumiko iihoshi porcelain」を立ち上げる。手作りのものは作り手の手跡が残らないように、プロダクトのものは味気ないものにならないように、「手作りとプロダクトの境界にあるもの」をコンセプトに、量産でありながらあたたかみのあるプロダクトを製作、プロデュースしている。
https://y-iihoshi-p.com/

たものしか「好き」と言わない。イイホシさんはそんな人です。でも……。

「このごろ自分の中の枠がはずれて、『こうじゃなきゃ』と思い込んでいることが、そんなにかっこよくないなと思うようになったんです。若いときには、いろいろ取り入れないほうがかっこいい。でも、歳をとったらいろいろ取り入れるほうがかっこいい。年配の方が、若者が履いているようなスニーカーを履いて闊歩しているって、楽しそうじゃないですか？」と語ります。

きっと私たちは若い時期、ストライクゾーンを狭めながら、ものを見極める中心点を探すのだと思います。一度「まんなか」がわかりさえすれば、今度はその枠を広げても、決してぶれることがない……。おおらかな歳を重ね、笑顔と柔軟な心で「なんでもいいわよ」と言える素敵な大人になりたいものです。

海外への出張が増え
大人のおしゃれは
足元からだと知りました

ランバンの
フラットシューズ

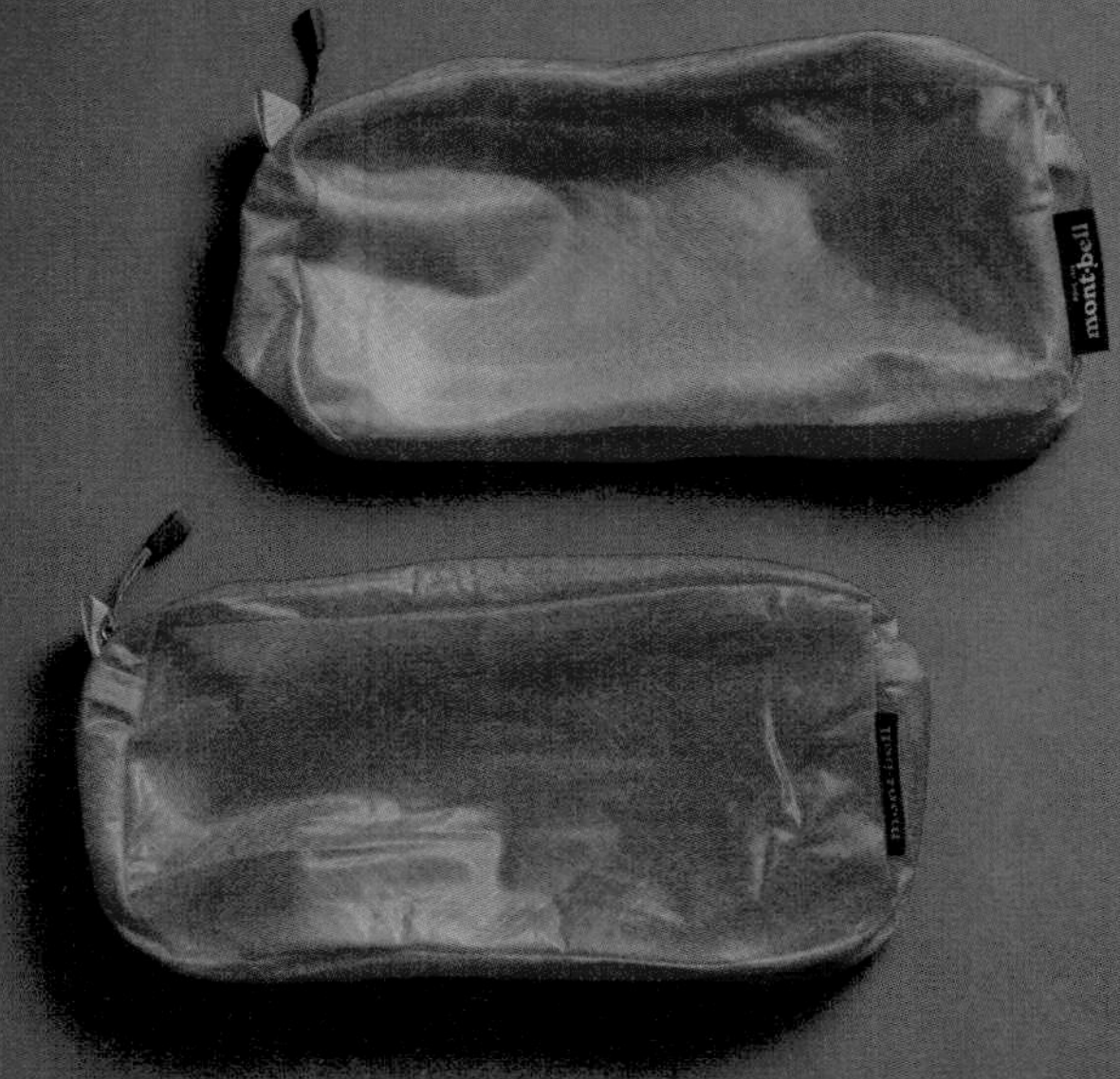

軽くてかさばらない
アウトドアグッズならではの機能性は
さすがです

モンベルのポーチ

ランバンのフラットシューズ

6〜7年前から仕事で海外に出る機会が増えたというイイホシさん。そんな中で「着るもの、持つものが、自分を表す」ということを痛感するようになったのだと言います。特にヨーロッパでは、文字通り「足元」を見られていることを、ひしひしと実感。

「もっと自分の身なりに責任を持たなくちゃと思うようになりました。特に靴は重要ですね」。

ボックストゥが浅く、ぎりぎり指が見えない上品なデザイン。夏になると素足でサンダルのように履いているそう。

そこで選んだのがこの「ランバン」のフラットシューズ。中に2cmほどの隠しヒールが入っていて、足をきれいに見せてくれます。黒革なら冠婚葬祭に、エナメルはパーティーに。海外だとかなり安く買えるので、少しずつ買い足しているそう。「これ」と気に入ったものを色違い、素材違いでそろえるのもイイホシさんらしさです。

モンベルのポーチ

バッグの中に入れて、いつも持ち歩く……。どんなポーチを使っているかは意外にその人の素の姿を描き出すもの。

「とにかくかさばらず、軽いものがよくて」とイイホシさん。

「モンベル」のウルトラライト・ペーパーポーチは、強度と軽量性を兼ね備えたモンベルオリジナルの「バリスティックナイロン」という生地で作られているので、驚くほど軽いのに、普

全4色あるうちの赤だけを愛用。バッグインバッグのように、小物の整理に使うのも便利。防水性もある。

通のナイロンの2倍の強度があるのだとか。

化粧品や携帯電話の充電器などを入れて、いつもバッグに。さらに、出張の際にも身支度グッズを小分けして持っていくそう。

「人としても『かさばらない』ことが人生のテーマなんです(笑)。軽やかで、邪魔にならず、スマートな人になりたいですね」。

茶渋も焦げ付きも
コレさえあれば大丈夫。
リピート買いする必須アイテムです

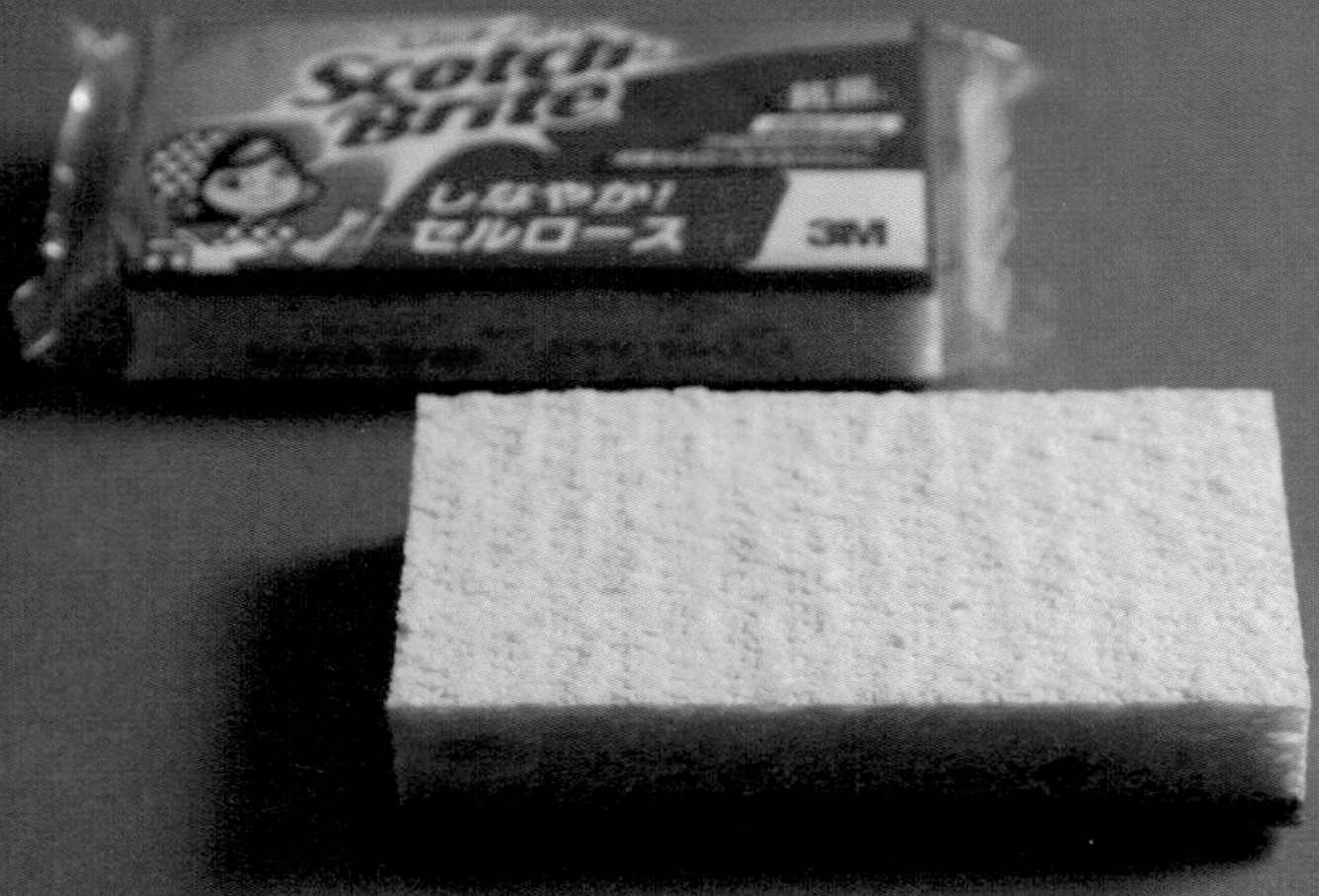

スコッチ・ブライトの スポンジ

肉がカリッとジューシーに焼ける。
お手軽料理に欠かせません

ストウブのグリルパン

スコッチ・ブライトのスポンジ

紅茶やコーヒーのシミ、茶渋などもこのスポンジの緑色の側でキュッキュとこすれば、きれいに落とせる。

「キッチンに置いたときの見た目を考えれば、本当は白いスポンジがいいのですが……。何度も違うものを買ってみて、結局これに戻るんです」とイイホシさん。

実家のお母様が使っていたので、一人暮らしを始めた頃から、ずっと使い続けているそう。セルローススポンジとナイロン不織布を張り合わせたもので、特にしつこい汚れ落としには緑色のナイロン不織布が欠かせません。

フライパンの焦げ付きも、こすると落とせる。ほかの種類のタワシが不要なので、キッチンがすっきり。

「鍋の焦げ付きはもちろん、カップなどについた茶渋もこれなら落とせるんです」。

キッチンには過剰な便利グッズは置かないと決めているのでスポンジラックはなし。シンクの斜めになった部分を利用して水を切り、そこが定位置に。汚れが気になってきたら取り替えるそうです。

ストウブのグリルパン

柄が折りたたみ式のこのタイプは、イイホシさんがフランスで買ってきたそう。現在は廃番。

作陶はもちろん、スタッフとの打ち合わせ、窯元さんへの指示出しなど、イイホシさんはいつ会っても大忙し！

そんな中で、時間や手間をかけて料理するのはなかなか難しいもの。そこで、日々のご飯はシンプルに。肉や野菜を焼いただけ、というおかずはまさにイイホシさんの得意分野！

ただし、あれこれ手をかけない分、おいしく焼ける鍋にこだわります。

鶏肉など、ドライハーブをたっぷりまぶしてから焼くとおいしい。このほか豚肉や、牛肉ステーキなども。

鶏肉や豚肉を、ハーブとオリーブオイルでマリネして、よく熱したグリルパンの上に。熱伝導、保温性に優れた鋳物鍋で知られる「ストウブ社」のグリルパンは、山型の溝がおいしさの秘密。余分な脂を落とし、素材にじっくり火が通るので、表面はパリッと、中はふんわり。焼いただけでご馳走になる魔法の鍋なのです。

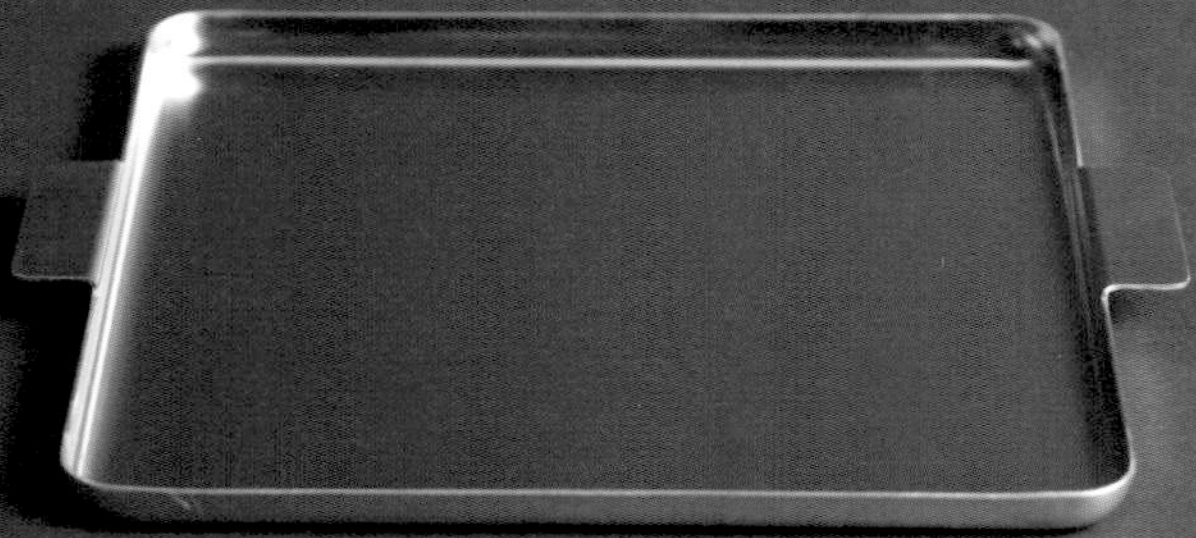

ユミコ・イイホシ・ポーセリンのトレイ

和風っぽくなくシンプルで
何にでも使える
そんなトレイが欲しかった

キッチンに出しっぱなしでも
サマになる
お茶好きだから生まれた道具

ユミコ・イイホシ・ポーセリンの急須

ユミコ・イイホシ・ポーセリンのトレイ

「お盆が欲しいのに、気に入るものに巡り合えなくて。和風だったり、重厚すぎたり……」。

そこで自分で作ってしまったというのがこれ。運ぶ道具であり、ランチョンマットのようにも使え、さらに、直接パンやお菓子を盛りつけてお皿代わりにも使えます。

あえてナチュラルな木製にせず、アルミで作ったのがイイホシさんらしさ。食卓がピリッと辛口にまとま

ります。
　来客時に一人ずつお茶とお菓子をセットすれば、おもてなし度がぐっとアップするはず。
　コーヒーとお菓子をのせておやつタイムを。おにぎりと卵焼きを直接のせてお昼のひとときを。ワインとチーズで夕暮れのひとときを。トレイ1枚で暮らしの楽しみが広がりそうです。

ユミコ・イイホシ・ポーセリンの急須

「キッチンに出しっぱなしの急須って、なんだか生活感があって気になる……。そんなイメージありませんか？　シンプルで、そこにあっても気にならない。そんな存在になればいいなあと思って」。

イイホシさんの作品には、ご自身の手で作るものと、窯元にお願いし、型で大量生産するプロダクトのものがあります。この急須は後者。三重県で古くから急須を作り続けている「萬古焼」

萬古焼で急須を作り続けてきた職人さんの高い技術によって、液だれせず、きれいに注ぐことができる。

口が広いので、茶筒から茶葉がいれやすい。飲み終わった後にも、茶殻をさっと捨てることができる。

の窯元に依頼してできあがったもの。

丸みがなく、すっと立ち上がったシャープなボディや持ち手の形はイイホシさんならではのデザインです。釉薬を使わず、焼き締められているので、お茶の匂いが付きにくく、緑茶に、紅茶にと、お茶の香りを楽しみながら、おいしくいただけます。

さもない道具なのに
威力抜群

カクダイの流し台バスケット

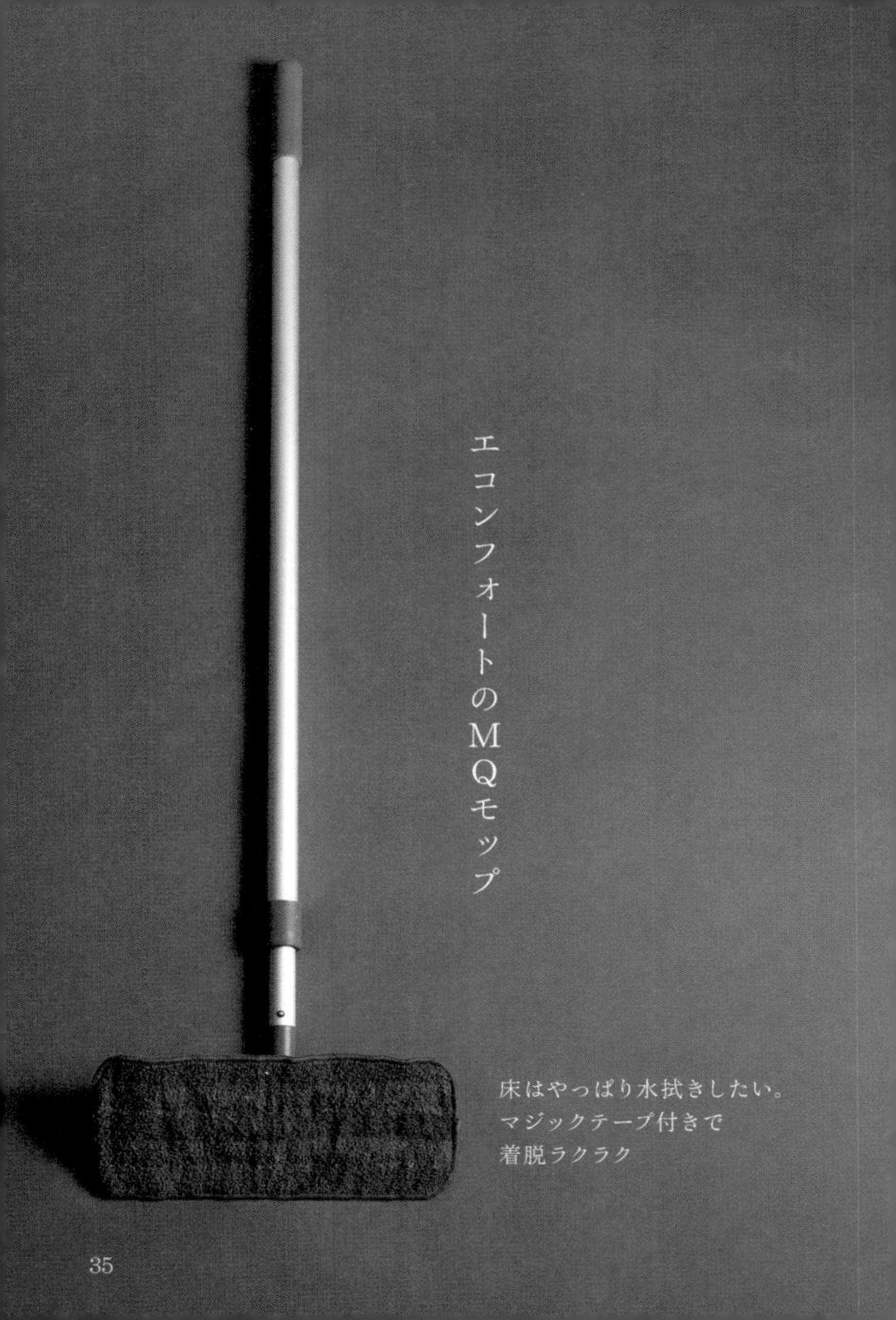

エコンフォートのＭＱモップ

床はやっぱり水拭きしたい。
マジックテープ付きで
着脱ラクラク

カクダイの流し台バスケット

イイホシさんは、汚れやヌメリがつきやすい排水口のふたも取り外していつもこの状態に。ゴミはこまめに捨てる。

自称「引っ越し魔」のイイホシさん。今の住まいの前に住んでいたマンションの排水口についていたのが、この「カクダイ」の流し台バスケットだったそう。「ステンレス製なので、汚れやヌメリがつきにくく、ゴミを捨てた後にはさっぱり！　今まで使いながら感じていたあの『いや〜な感じ』はなんだったのだろう？というほど、使っていて気持ちがいいんです」と語ります。

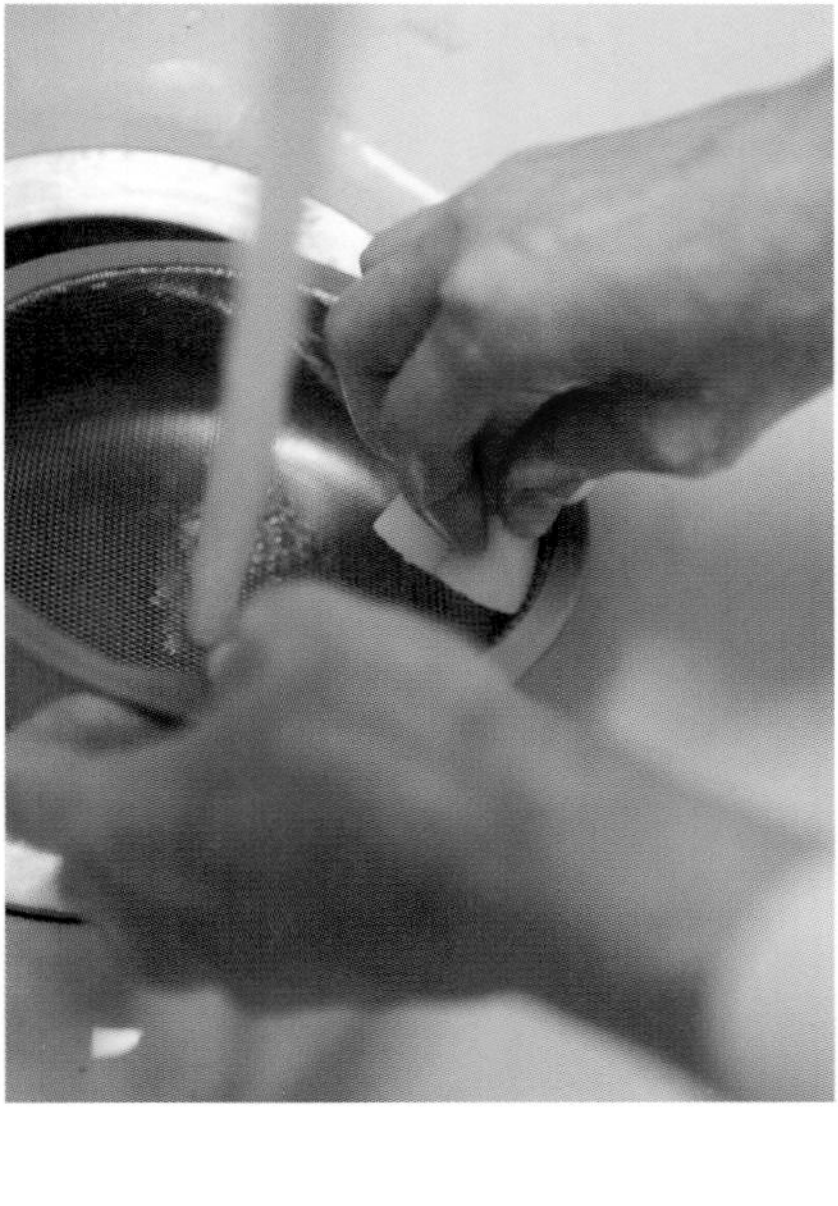

ゴミを捨てた後は、水で流しながらメラミンスポンジで洗うとさっぱり。手間をかけずに掃除ができるのでラク。

その後引っ越したとき、新居用にとさっそく通販で購入したのだとか。普段は、排水口のふたも外してしまい、このバスケットをセット。料理や洗い物をしながらここにゴミを溜め、ある程度の量になったらゴミ箱にパッ。驚くほど簡単に「いつもきれい」をキープできるそうです。

エコンフォートのMQモップ

マジックテープ付きなので、クロスを本体にワンタッチでセットできる。

実はこのMQモップ、私が『暮らしのおへそ』(主婦と生活社)の取材を通じて知り、ブログで紹介したところ、イイホシさんが買ってくださったというもの。

「床掃除をどうするかは、ずっと悩ましい問題でした(笑)。普通のモップだと水で濡らした後に絞りにくいし、フローリングワイパーだとなんだか物足りない。やっぱり床は水拭きしたいんですよね。ずっと四つん這いになって雑巾で拭いて

いました」とイイホシさん。これは、マイクロファイバークロス100%、吸水性抜群のモップで、吸水性と拭き取り能力が抜群。マジックテープでつけ外しができるというすぐれものです。「もう、毎日の掃除が劇的に変わりました。ラクしてさっぱり！」。

道具への愛着が新たな扉を開けてくれる

好きなものを持ち続けるにはパワーが必要です。「好き」と選び取る力。持ち帰って使い方を考える力、すでに持っているものと組み合わせる力、さらに違う使い方はないかと工夫する力。

若山さんは、そんな力を持つ方。ご実家は岐阜県で文具店と印刷屋を営んでいたそうです。

「工場には、いろいろなものを作ってくれるおじいさんがいました。大学に入学する際、横と縦が1対2の釘を使わない木箱を作ってもらって、家財道具をつめて上京したんです。2つ並べて板を渡したり、今で言うユニットボックスですね。それをずっと使っていました」。

デザイナーとして仕事を始めた頃のご自宅は、ソファもテーブルクロスも花柄だったそう。その後、休みのたびにニューメキシコを旅するようになり、インディアンの壺や砂漠で拾った石などを飾ったサ

若山嘉代子さん

武蔵野美術大学卒業。1980年から大学時代の友人、縄田智子さんと２人でグラフィックデザイン事務所「レスパース」を立ち上げる。雑誌や出版物のデザイン、カタログ、ショップのパッケージなどを手がける。ストロボでの撮影が主流だった頃に、自然光の下で料理を撮影するなど、新たな本作りを提案。当時から一緒に仕事をしている堀井和子さんをはじめ、著者からの信頼も厚い。
http://www.lespace.jp/

ンタフェスタイルに。

「〝好き〟となったらしつこいかも。徹底的に集めてしまうんですよね」と笑う若山さん。

今、暮らしの道具を選ぶときも同じです。数年前、プロに自分に合う万年筆を1本選んでもらったのを機に、筆記用具を万年筆オンリーに変えたそう。用途ごとにインクを変え、スケジュールを書き込んだり、手紙を書いたり……。

ものにかける熱量によって、ものから返ってくる力が変わってくるように思います。愛着を持って使うことで、道具が、今日と違う明日の扉を開けてくれる……。愛情をかける道具が増えるということは、そんな扉の数が増えるということ。ものを減らしてシンプルに暮らすと、管理する手間や時間が節約できます。でも、やっぱり新しい扉の向こうをのぞいてみたい……。人の暮らしは、扉を開けた数だけ豊かになると信じています。

インクを
詰め替える
作業も楽しい

ペリカンの万年筆

いちばん左のみ「ウォーターマン」の万年筆

毎朝飲むコーヒーだから
エイッと投資して、
本物の道具を

富士珈機のみるっこ

グッドピープルアンド
グッドコーヒーと
REW10の
ドリップスタンド

ペリカンの万年筆

中学生の頃から万年筆を使っていたという若山さん。大人になって遠ざかっていましたが、4年ほど前からまた使い始めました。
「日本橋三越本店の万年筆売り場で選んでもらっています。自分に合ったものをアドバイスしてもらうのがいちばんですね」。
愛用しているのは、ドイツの「ペリカン社」のヴィンテージペン「トータスシエルブラウン」の復刻モデルと、永遠の定番「スーベ

普段の打ち合わせやスケジュール帳の管理は、いつも茶色のインクで。

ペン先をインク壺に入れ、尻軸を回すと、自然にインクが吸入されるしくみ。

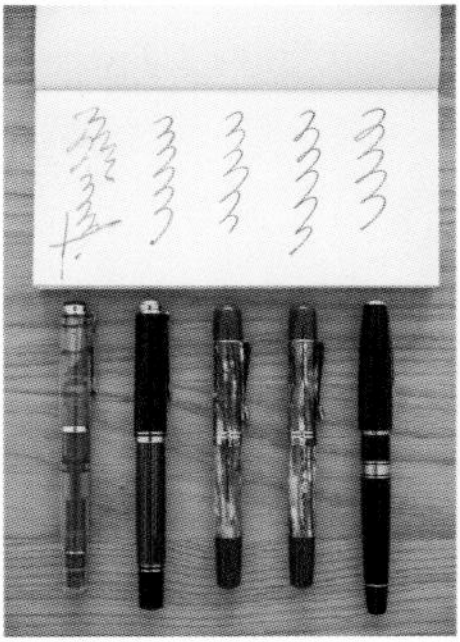

左の「クラシックハイライター」は蛍光緑のインクを入れマーカー代わりに。

レーンシリーズ」です。どちらもペン先からインクを直接吸い込むピストン吸入式。なんとカートリッジ式の3倍のインクの量が入り、インクフローがなめらかで書き心地抜群です。

若山さんは暗いブルー、明るいブルー、茶色、緑、蛍光緑の5色を使い分けているそうです。

鳩居堂のハガキを月別に分けてファイリング。季節に合わせて選んでお礼状を。

富士珈機のみるっこ

粉を受ける専用のプラスチックカップは静電気で粉がまとわりつくので、ガラスのサーバーで代用。ハケで掃除を。

20年以上前から持病があり、コーヒーをひかえていたという若山さん。幸い新薬が体に合い、4年ほど前に完治。「コーヒーがおいしいことが嬉しくて」と笑います。

コーヒーミル「みるっこ」は、臼刃で豆をすりつぶすグラインド式。粒にむらがなく、ゆっくり時間をかけてドリップするのに向いています。これは「堀口珈琲」のオリジナルカラーだそう。

グッドピープルアンドグッドコーヒーとREW10のドリップスタンド

コーヒースタンドはオーダーで自転車を作る「REW10」と「グッドピープルアンドグッドコーヒー」のコラボレート商品。ドリッパーは「ハリオ」のもの。マグカップに直接ドリップ。

マグカップ好き。北欧のもの、作家さんが作ったものなど、いろいろな種類を集めて、コーヒーを飲むときに使う。

ドリップスタンドは、時折立ち寄るコーヒースタンドで見つけたもの。なんと工具を加工して手作りされているのだとか。「ちょっと男の子っぽいところが気に入って」と若山さん。

毎朝起きると、豆を挽いてコーヒーを淹れ、ミルクを加えてカフェオレに。お気に入りの道具が朝のひとときを特別にしてくれます。

何をしまおうか?と
中身を整える時間が楽しいんです

1丁目ほりい事務所の木箱

朝に夜に。
誰も見ていないからこそ
家での贅沢時間が味わえます

ハウスコートのガウン

1丁目ほりい事務所の木箱

堀井和子さんの著書のデザインを数多く手がけている若山さん。堀井さんが新たに立ち上げた「1丁目ほりい事務所」のポスターの文字なども担当したそう。

この木箱は、木工作家の吉川和人さんが道具箱に使っていたものを、堀井さんが「とてもきれいだから中の間仕切りなしに作って」と頼んだオリジナル商品。塗装などは施さず、木の表情を生かして、堀井さんの文字がアクセントになって

ネックレスやブローチ、指輪などを小分けにして収納。上から見れば、何がどこにあるか一目瞭然。

います。きれいにスタッキングできるのもいいところ。

若山さんは、これに堀井さんデザインのガラスカップを組み合わせてアクセサリーボックスに。

「よく使うものだけをすぐわかる状態でここに。帰ったら外してポイ。箱がきれいだとしまった姿も美しくて嬉しいですね」。

ハウスコートのガウン

脱いだ後は、壁掛け式のタオルウォーマーにかけておく。

スタイリスト原由美子さんが立ち上げたブランド「ハウスコート」のガウンです。「『来客のときに、パジャマでは出ていけないけれど、ガウンでは人に会ってもいいのよ』と原さんに教えていただいたんです。なんだか大人で素敵だな〜と思って」と若山さん。

　かなり高価でしたが、エイッと思い切って大正解！

　帰宅後すぐにこれに着替え、朝起きたらまた袖を通し、メールチェックをした

タータンチェックのショールカラーベルトをなくしたので、手持ちのものを。

こちらは、春夏仕様のコットン素材。キリッとしたストライプがさわやか。

りコーヒーを飲んだり。出かける直前まで着ているそうです。

「冬はすごく暖かいの。夏も同じようなものが欲しくて、コットン素材を手に入れました」。

家で過ごすほんの少しの時間を心地よくするために着替える……。そんな習慣が手に入ります。

着物や、ジャケット、コートまで
おしゃれの第一歩は
ハンガー選びから

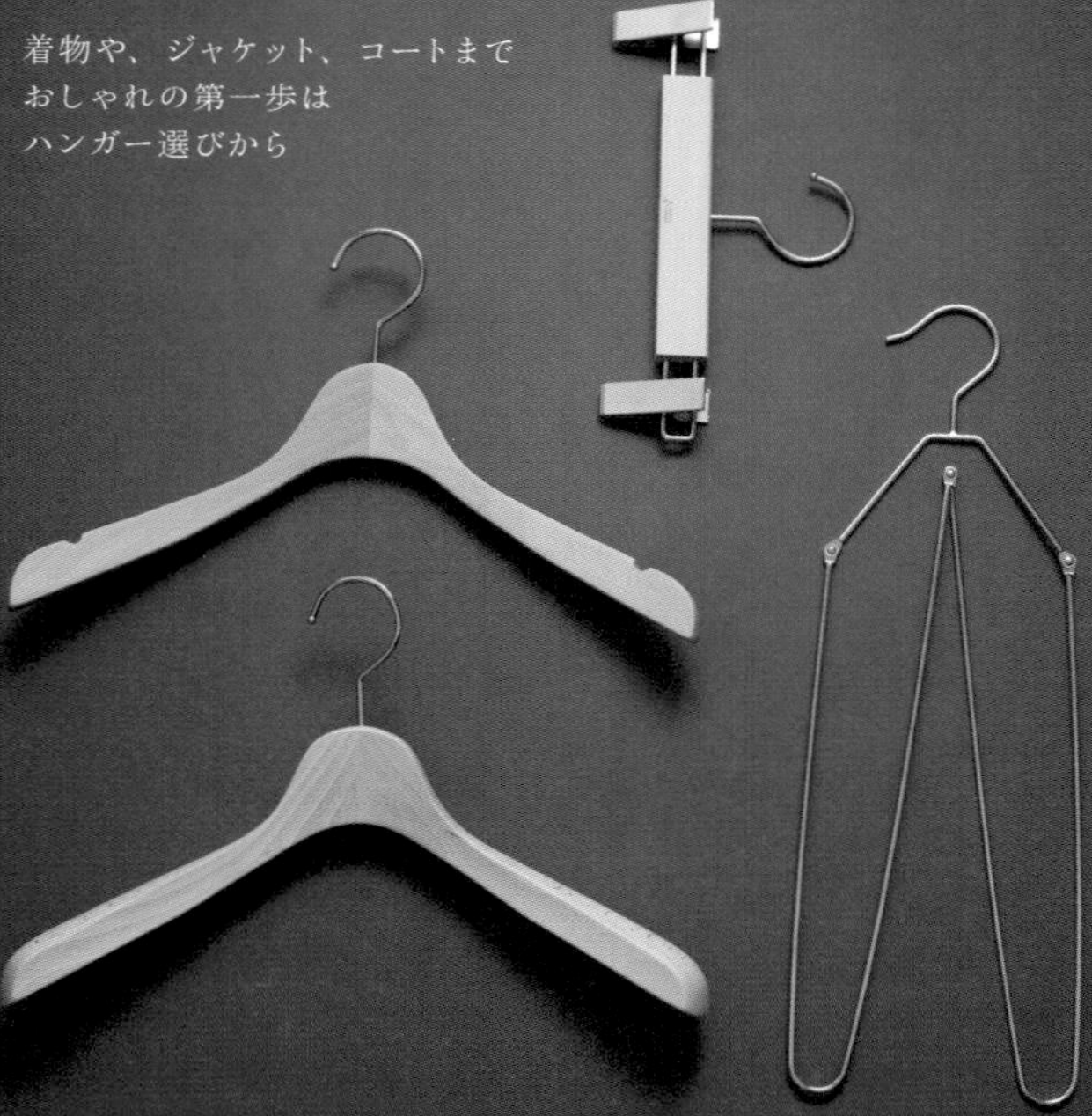

大木製作所の
タオルハンガーと
中田工芸の
木製ハンガー

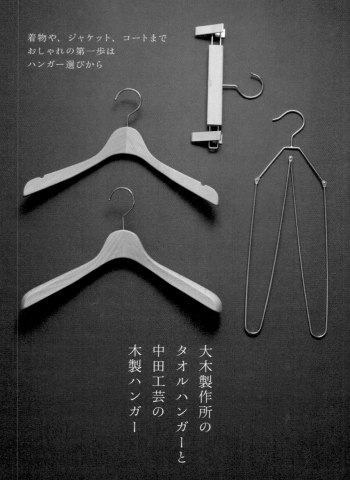

吊るした衣類にスチーマーを。
アイロン台の上でプレスもできます

パナソニックの
衣類スチーマー

大木製作所のタオルハンガーと中田工芸の木製ハンガー

若山さんは、着物や帯をかけるときに愛用。家に帰って脱いだら、これに吊るして軽くスチーマーをかけておく。

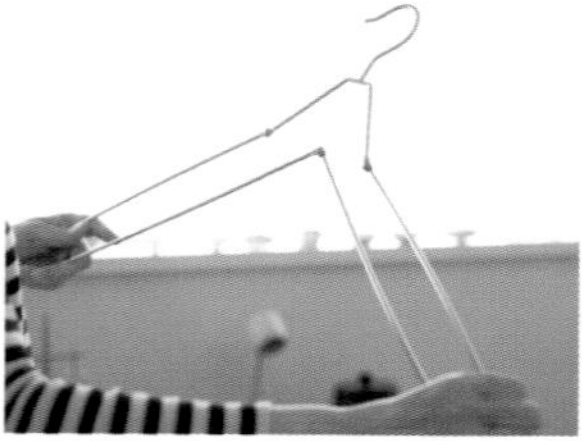

使わないときには、両端を下に引っ張ると、簡単に折りたため、コンパクトにしまっておける。シンプルな形が美しい。

大型バスタオルを広げて干せる、幅73cmというオールステンレスのハンガーは、折りたたみ式。着物好きの若山さんは、脱いだ着物に風を通すときに使っています。

一方、老舗ハンガーメーカー中田工芸が、家庭用に立ち上げたブランド「NAKATA HANGER」の木製ハンガーはジャケット用、シャツ用と微妙に違うサイズ、ラインがあります。

「コートをかけるのに、お店でもらったプラスチックハンガーなどをずっと使っていたのですが、型崩れしやすくて……」と若山さん。

適度な厚みがあり、計算されつくしたカーブを描くコートハンガーは、コートをかけておくだけで、シルエットを美しく整えてくれるそう。おそろいで統一すれば、クローゼットも美しくなります。

正絹の着物は、ハンガーに吊るしたまま、加減をしながら、ゆっくりとスチームをあててシワを伸ばす。

パナソニックの衣類スチーマー

着物の本のデザインを手がけたのを機に、着付けやお茶のお稽古に通い始めたという若山さん。着物や帯上げのケアになくてはならないというのがこの「パナソニック」の小さなスチーマーです。ハンガーにかけたままスチームでシワを伸ばすことができ、普通のアイロンのように帯上げのプレスも可能と1台2役で大活躍。

約665gと軽いので、吊るした衣類に沿って上下

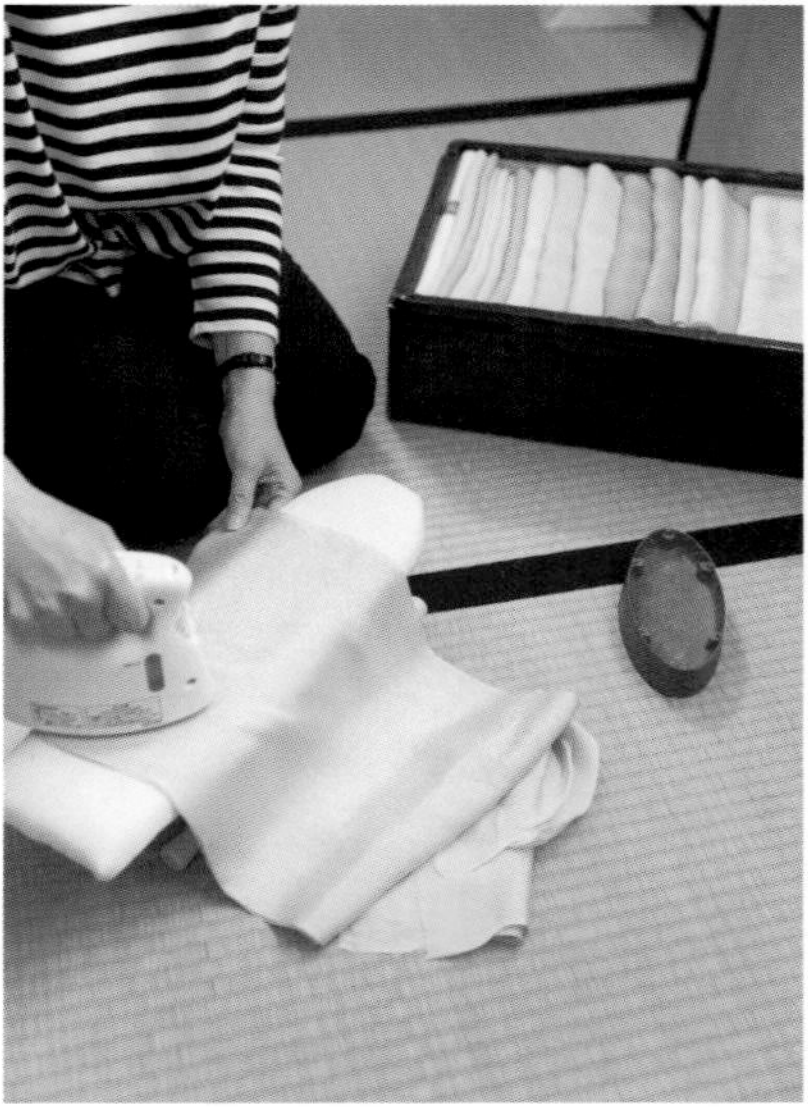

塗り文箱に、グラデーションを描くように帯上げをしまっている若山さん。使い終わったものはアイロンをかけてここに。

させても手が疲れません。小さいのにパワフルで、連続してスチームできるので、あっという間にシワが伸びるのだとか。もちろん、ジャケットやスーツなどの洋服にも使用可能。洗濯しにくいウールの衣類をふんわり仕上げたり、臭いをスチーム脱臭することも。着物での旅行に持っていくこともあるそうです。

肌で判断する

若い頃、私には「麻信仰」の時期があり、パジャマもシーツも、バスタオルも、フェイスタオルも、「麻がいちばん！」だと思っていました。上質な麻に憧れて、３～４万円の麻のシーツを買ったこともあったなあ。１枚しか買えなくて、休みの日に洗い、夜またそれを敷いて寝ていました。パジャマも、長年ベルギーリネン「リベコ」のものを愛用していました。でも、思い返してみると、どうして麻がいいと思ったのか、その理由は曖昧なのです。あの頃、私は「上質な麻を使っている一田さん」になりたかったのだと思います。

でも……。洗ってパリッと乾かしたコットンのシーツだって気持ちいいし、洗ううちにクタッとなって、体に馴染んでくる綿のパジャマもいい。

自分がいいと思えばそれでいい。そんな選び方ができるようになったのは、ごく最近のことです。誰かが「いい」と言っている。それは、もの選びの入り口になります。でも、大事なのはそこから先。使ってみて、自分の肌で実感し、自分の毎日に必要か、そうでないかジャッジする。自分の肌で選んだものこそ、きっと間違いないのです。

雑巾の色

どんな雑巾を使うか、は悩ましい問題です。何が厄介って、使っている時間より、洗って干している時間の方が長いということ。つまり、「干している風景が美しいもの」を選びたい。でも、そんな雑巾はなかなかないのです。

私の場合、1年ほど前から拭き掃除にはマイクロファイバークロスを利用しています。さらに、洗面所もバスタブも、雑菌が繁殖しやすいスポンジを使わずこのクロスで洗います。トイレの便器も手を突っ込んでクロスで掃除をします。つまり、常時5枚のマイクロファイバークロスを使っているというわけ。この5枚が干してあっても、イヤでないように、あれこれ探してやっと見つけたのが、シックなグレーのクロスでした。

見た目が気にならないのはもちろん汚れが落ちやすく、すぐ乾くのもいいところ。これを洗面所で、「無印良品」のピンチ付きハンガーに吊るしておきます。グレーの5枚の雑巾が風に揺れている姿に大満足。思い通りの雑巾を手に入れることは、自分にぴったり似合う洋服を手に入れることと同じなのだと思います。

なんでもないものを選べる人に

50歳を過ぎてやっと、「なんでもないもの」の良さが少しわかるようになってきたかなと思います。それは、「余計なことをした道具」を選ばなくなったということ。「なんでもない◯◯」でいいはずのお皿に、ちょっとデザインが施されている……。昔なら、そっちを選んだものですが、おかずを盛りつけてみると、「余計なもの」に視線がひっぱられ、おいしそうな風景が邪魔されてしまいます。失敗を繰り返し、だんだんと「普通の」ものを選ぶようになりました。

15年以上前、初めて三谷さんの木のスプーンと四角いパン皿を買いました。当時から「ものづくりは自己表現でなくていい。作り手の姿はできるだけ小さいほうがいい」とおっしゃっていました。それは、ご自身が使いたい道具の形でもあったよう。

三谷さんは「作り手」であると同時に「使い手」としての意識が高い方です。

三谷龍二さん

京都で劇団に所属したのち、1981年、長野県松本市に「工房ペルソナスタジオ」を開設。普段使いできる木の器やカトラリーなどを提案。それまで家具中心だった木工の世界を広げることに貢献。立体、平面作品も手がけ、作家、伊坂幸太郎氏などの書籍の表紙の仕事も。「クラフトフェアまつもと」の発足当初から運営に加わる。2011年に自身の作品を常設展示するほか、他の作家との個展やイベントを開催するスペース「10㎝」をオープン。
http://www.mitaniryuji.com/

「僕は、伊丹十三さんの本で『パスタをアルデンテに茹でる』ことを知り、生活の小さな場面でこだわることを知ったんです」と語ります。

若い頃は劇団に所属し、ポスターや大道具を作っていたそう。貧乏生活の中、美しい形のやかんを探してやっと手に入れたのだとか。

「人間を探求する劇団員がものに興味を持つなんてけしからん！って先輩に叱られてね。しばらく、道具に触れることを封印したんです」。

その後、やっぱり演劇ではなく「やかん」を選び、ものづくりを始めたというわけです。以来淡々と欲しいものを作り続けてこられました。

「なんでもない」と「なんでもいい」は違います。「なんでもないもの」は、作り手が「これしかない」と最後に残した形。そんな沈黙の力が、使うことによって輝き始めるような気がします。

コール&メイソンのペッパーミル

一度使えば
手応えと
香りの違いを実感します

ドゥルックの
ソムリエナイフ

コルクを
抜くだけに徹した
潔い機能美がいい

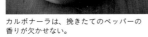

コール&メイソンのペッパーミル

カルボナーラは、挽きたてのペッパーの香りが欠かせない。

三谷さんが作るカルボナーラは絶品です。まず、卵を割り、パルメジャーノ・レッジャーノの塊をチーズおろしでおろしながら加えます。ここでペッパーミルの登場。

味を整えたら、茹でたてのパスタを和えて完成です。「コール&メイソン」は、イギリスで1919年に創業した老舗ブランドです。ほとんどのミルが「すりつぶす」のに対し、鋭利な刃でカットするので、香りの

パスタを盛りつけたのは、三谷さん作、
白漆のボウル。

フライパンでベーコンを炒め、
いったん冷ましてから卵液を。

立ち方が違うそう。
「従来のものは、胡椒が出ているかどうか、わからないものが多いんだけど、これは、ちゃんと挽けている手応えがあるんだよね」。
粗挽きから細かい挽き方まで調整も可能。キッチンに置きっぱなしでも目障りにならないモダンな佇まいもお気に入りです。

ドゥルックのソムリエナイフ

ほぼ毎日、夕食には夫婦でワインを飲むという三谷さん。だからこそ、ソムリエナイフは、暮らしの必需品です。

「これは、3年前ぐらいに見つけたもの。ごく普通のデザインなのが気に入って」と三谷さん。

確かに簡素でシンプルなこと！

プロ仕様のソムリエナイフは、一度使い方を覚えれば、コルクが割れたり、斜めに引き出したりという失

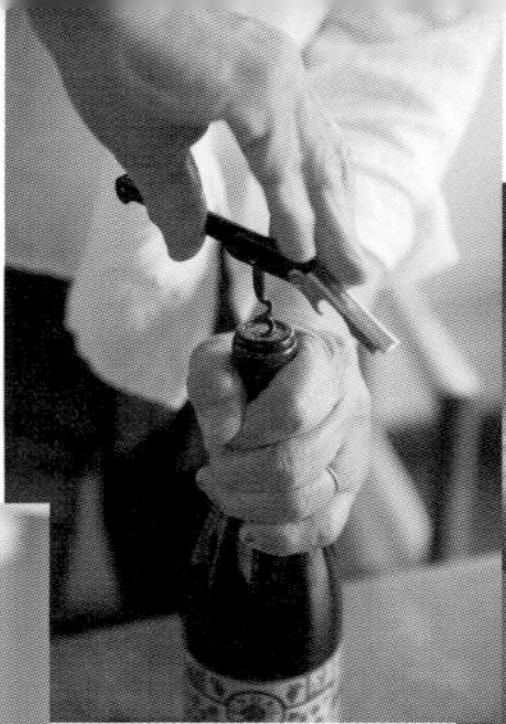

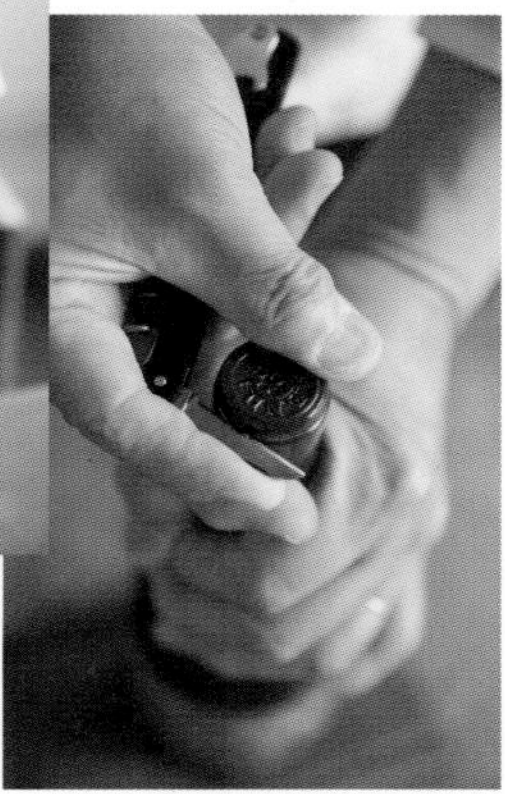

まず最初にナイフで、キャップシールに切れ目を入れ、取り外す。

テコの原理を使い、少しの力で手早くコルク栓を抜くのがソムリエナイフの特徴。

敗がなく、一発で、スッと抜けるそう。フランスで「ドゥルック」が、ソムリエたちから絶大な信頼を寄せられている理由も「シンプル」「軽い」「スムーズに抜ける」という3点に尽きると言います。

　1日の終わりに、食卓においしいものを並べて、このナイフを取り出せば、至福のひとときが始まります。

工業製品のようで、実は手作り。
そんなバランスが好きですね

濱岡健太郎作のドリッパーとトーチのコーヒーサーバー

サラダもパスタもご飯も
受け止めてくれる木の器を食卓に

三谷龍二作
桜オイル仕上げボウル

濱岡健太郎作のドリッパーと
トーチのコーヒーサーバー

　朝いちばんに豆を挽き、コーヒーを煎れるのが、三谷さんの役目だそうです。このドリッパーは、一見工業製品のように見えるのに、濱岡健太郎さんが、ろくろでひいて作っていると聞いて驚きました。「人の手の跡が感じられないものが好き」という三谷さん。

　かといって、大量生産のプロダクトとは違う……。シンプルで普通のデザインで、でもどこかに作り手の気配が残るもの。このドリ

桜の木で作られたコーヒー豆用のキャニスターと専用スプーンは、三谷さんご自身の作。

古いガラスびんを、コーヒーフィルター入れに。ケメックス用と普通サイズの両方をストック。

ッパーは、そんな三谷さんのもの選びの塩梅を教えてくれるよう。

耐熱性のコーヒーサーバーは、「オオヤコーヒ焙煎所」のオオヤミノルさんに教えてもらったもの。

「量がわかりやすいから、サーバーは、ガラスのものがいいですね」。

毎朝必ず使う、本当に気に入った暮らしの相棒です。

三谷龍二作
桜オイル仕上げボウル

この日のランチには、プチヴェールにオレンジを加え、オリーブオイルとビネガーで和えたサラダを。

今から30年近く前、三谷さんがものづくりを始めた頃、無垢の木を生かしたオイル仕上げの器は、まったくありませんでした。

「汁物や、油物を盛ったらダメなんじゃないか?と思われていた時期ですね。だから、展示会では料理家さんに作ってもらった料理を盛って、ものと同時に使い方まで伝えていきました。そうしないと木の道具が広がっていかなかったんです」と三谷さん。

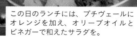

日本人は昔から木と共に生き、木という素材を愛してきました。だからこそ、もっと身近に普段の食卓で使ってほしい……。サラダを盛ったり、おにぎりを並べたり。三谷家で、長年使い続けられ、飴色に変わった桜のボウルが、そんな三谷さんの歩みを物語っているようでした。

無垢の木だけでなく、黒漆や白漆の器も。リビングの出窓には、三谷さんが暮らしの中で使っている木の器が並んでいる。

動きやすくてシルエットがきれい。
安心して履ける定番服です

オアスロウのデニム

ヤエカの白シャツ

木の器もシャツも
暮らしに寄り添うという役目は同じです

オアスロウのデニム

「いや〜、僕は洋服選びはそんなに自信なくてねえ」と笑う三谷さんですが、いつお会いしても、こざっぱりかっこいい装いなのです。

普段は、作業をするので動きやすい服装がいちばん。汚れることも多いので、デニムを履くことが多いそうです。

偶然にもこの「オアスロウ」は私の故郷、兵庫県西宮市にアトリエがあります。代表の仲津一郎さんは、無

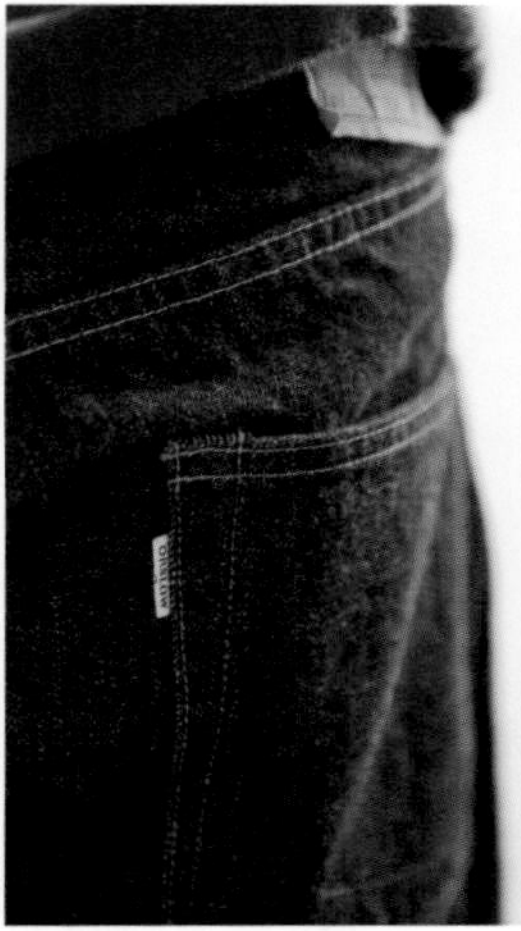

自社で織っているオリジナルのデニム生地は、きちんと耳まで生かしたデザインに。ロールアップすると差が出る。

類のヴィンテージデニム好き。アトリエには、古いミシンをそろえ、ゆるゆると、よろけながら縫っていた古いデニムと同じように、slowにデザインしています。107は、腰回りがほどよくゆったりとし、股から裾までゆるやかにテーパードしたやや細めのシルエット。無理なくラクに着こなせる1本です。

ヤエカの白シャツ

器もシャツもシーツも、生活道具は「白」が基本なのだと言います。「このシャツは長さと身幅がちょうどいいんだよね」と三谷さん。

「ヤエカ」は、「シンプルで長く着続けていく日常着」がコンセプト。はじめはシャツとチノパン数型だけの小さなメンズブランドでした。

「作家性を抑えて、暮らす人に寄り添う。そんなものづくりの姿勢が、どこか自分と似ている気がするんです。主張はしないけれど、見えないところで手間と時間をかける。このシャツのディティールには、それが感じられますね」。

スナップボタンとサイドのポケットが特徴。家で部屋着としても着心地がよく、ちょっと買い物に行くときも、飛行機に乗って海外に出かけるときにも着ていける。そんな底力を持つシャツです。

どこにでもあるのに
いいデザインがなかなかない
着火用ライター

カール・メルテンスのライター

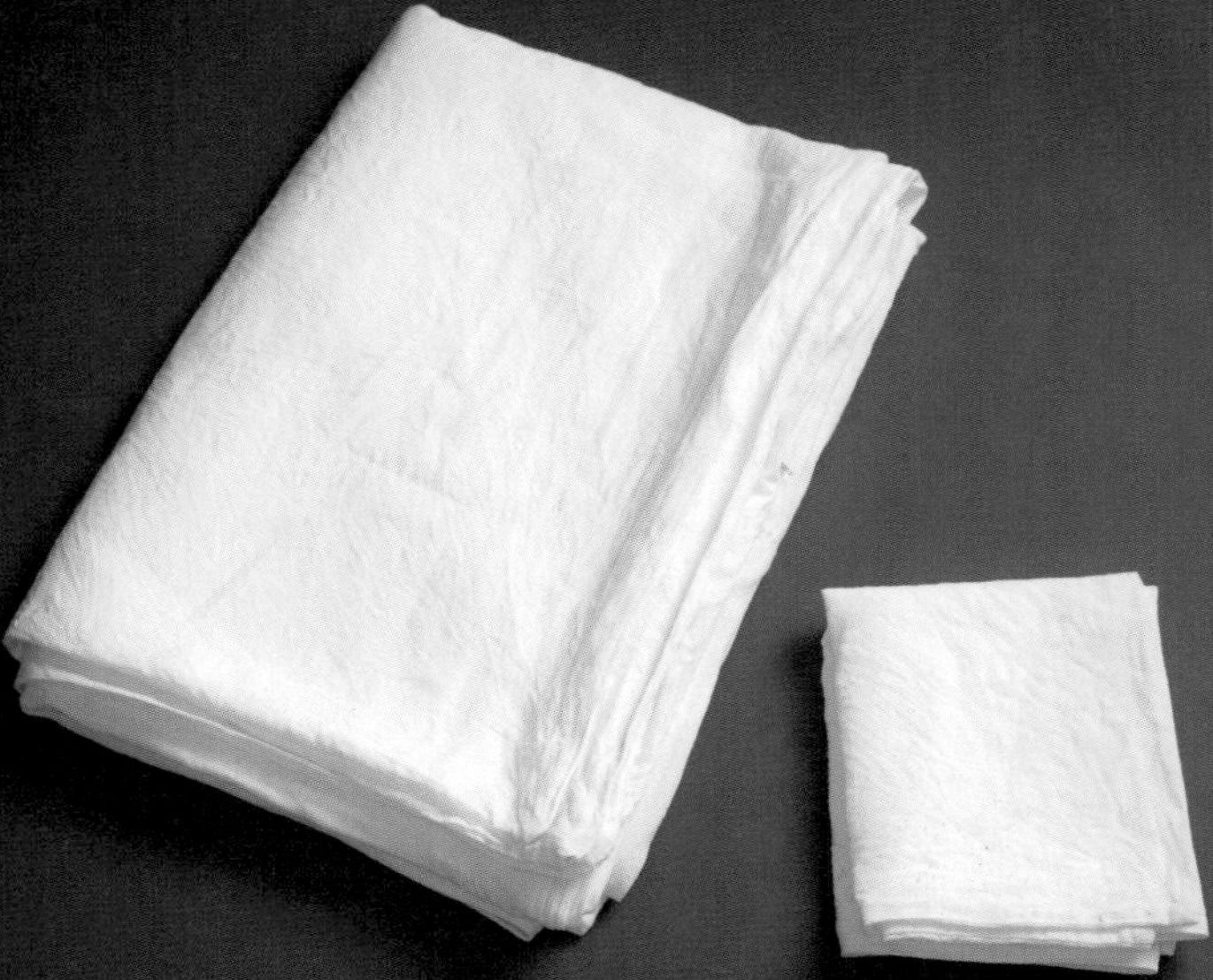

シンプルで真っ白なこと
肌触りがいいこと。
それが上質な眠りの理由です

フォグ・リネンワークの
シーツとピローケース

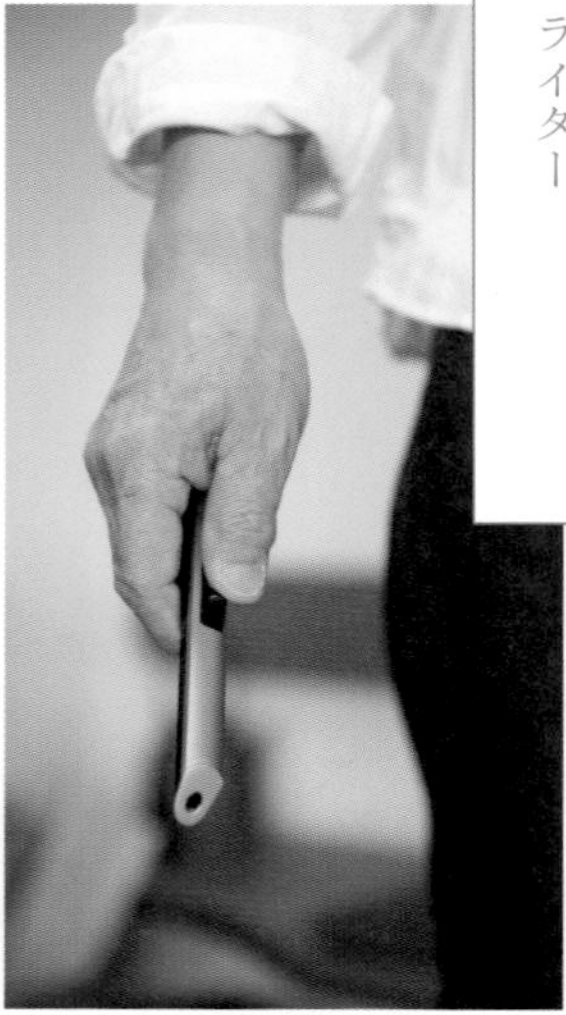

カール・メルテンスのライター

手に持つとどっしりとした重み。スイッチがちょうど親指の位置にくるようデザインされている。斜めの口から火が出るしくみ。

寒さが厳しい松本の冬で、三谷さんの暮らしになくてはならないのが、この「カール・メルテンス」のライターです。毎朝、目覚めたら、これで薪ストーブに火を入れるそう。私も薪ストーブとまではいかなくても、「アラジン」の石油ストーブなどに火をつけるときに着火ライターを使いますが、ホームセンターで売っているものは、どれもデザインがイマイチ。三谷さんにこのライターを見せてい

ただいて、「こんな素敵なものがあるんだ！」と驚きました。

「カール・メルテンス」はドイツを代表するカトラリーメーカー。市販のライター用のガスで充填でき、背面のダイヤルで炎の大きさも調節可能。キャンドルやお香に火を灯すときなど、これ1本があればスマートに使いこなせそうです。

フォグ・リネンワークのシーツとピローケース

「肌触りがいいシーツがあると、幸福感が違いますよね」と三谷さん。今までさまざまなブランドのシーツを使ってみて、最後に落ち着いたのがこのリトアニア産のリネンシーツでした。ラインなどの飾りがなく、真っ白であることも選んだ理由。

「分厚すぎず、重たくないのがいいんです。夏はさらりと涼やかで、冬は保温性があって、我が家では1年中これを愛用しています」。

リネンは天然素材の中でも特に丈夫で水に濡れると強さが増す繊維。繊維の中が空洞になっているため、水分を吸湿、発散しやすく、吸水性に優れ、なおかつ乾きが早いのが特徴です。

泊まりがけの来客が多いという三谷家では、常に数セット常備しているそうです。

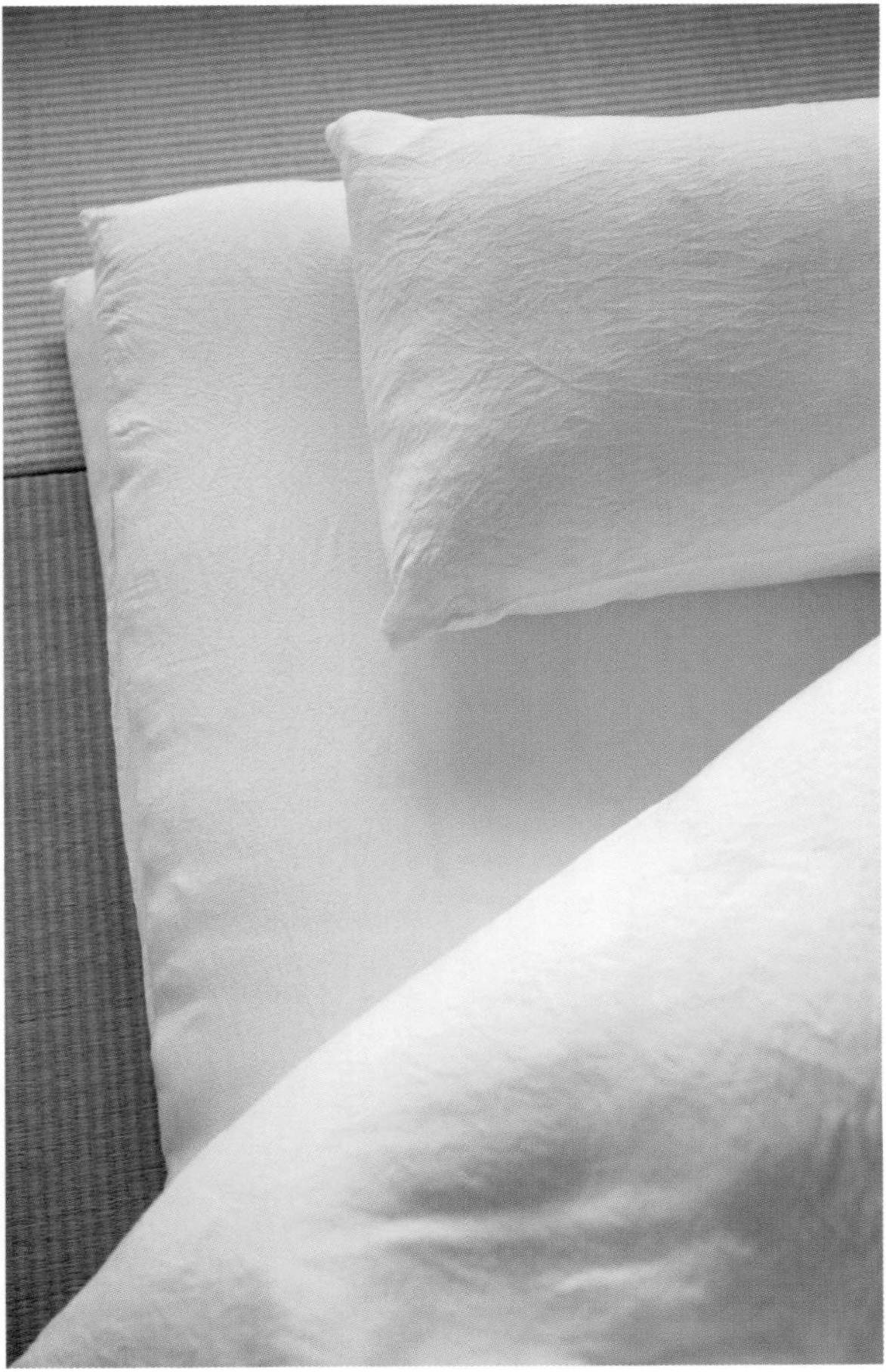

備えて待ち、瞬間を逃さずつかみ取る

3年前、佐藤さんは1枚のコートを即決で購入したそうです。決して安い金額ではなく、しかも通販で！　洋服や日用の品を提案する「アトリエ・トア」を営む五十川裕子さんが選んだものでした。

「シンプルな大人のコートを探していました。裕子さんのセレクトなら間違いない、と思って」。

欲しいものを手に入れる。それだけのことが、実はとても難しいもの。「私って、何が欲しかったんだっけ？」と迷子になってしまいがちです。

友人宅で焼いてくれたパンを食べ、「なんておいしいんだろう！」と感動。「パン屋さんになる」と決めたという佐藤さん。今は、横浜で知る人ぞ知る店「ON THE DISH」を営んでいます。いつも、やりたいこと、欲しいものを考えて、こぼれ落ちないようノートに書き留めておくそう。

コート購入も、パン屋さんになるということも、

佐藤彩香さん

「アンリークイール」を経て、神奈川県葉山の自然天然酵母のパン屋で働いたのち、「ON THE DISH」を立ち上げる。自家製なつめやし酵母を使い、粉、水、塩を基本に焼き上げたパンは、強い個性を持つより、お皿の上で旬の素材とともに楽しめるシンプルな味。これからも食を軸としながら、器や道具、洋服まで、ジャンルにとらわれずに、自身が見つけた暮らしがちょっと豊かになるものを紹介していきたいと考えている。
http://on-the-dish.com/
Instagram @onthedishbread

はたから見れば、びっくりするほど突然の決断でした。でも、佐藤さんの中では、ずっと以前から準備が進んでいたよう。いつも機が熟すまで、静かにひたすら待ち続けます。

実は、私はこの「待つ」ということが苦手です。すぐに結果が出ないと気が済まないし、すぐに手に入らないとイライラする。でも今回、ちょっと待ってみようか……と思いました。ぐっと想いを溜めて待ち、何かと出会ったら、自分の内と外がカチッと音を立てて一致する。その瞬間がとても気持ちよさそうだったから。

佐藤さんは「これだ！」とひらめいたとき、「本当にこれかな？」と問い返さず、天から降ってきたままに受け取るそうです。「待つ」ことと、瞬間を逃さずつかみ取ることは、同じ力の裏と表。本当に欲しいものを手に入れる術なのだと教えていただきました。

アトリエ・トアセレクトの シルクブラウス

着る人の力が試される
シンプルさが面白い

DBKのアイロン

ドイツのブランドならではの
シンプルで無骨な
佇まいが好きです

アトリエ・トアセレクトの
シルクブラウス

今まで、黒やネイビーなど暗い色を着ることが多かったという佐藤さん。一人娘の彩音ちゃんがお腹の中にいる頃から、白や薄い色を着るようになったそう。

「今までの私では考えられないのですが、今年の春夏はピンク色を着たい気分になって」。

これは、「クリステンセン・ドゥノルド」の中でも、デザイナーが自分の作りたいものを形にしたプライベートライン。形を徹底的にシンプルにするかわりに、微妙な色とサイズを豊富に展開することで、同じブラウスが着る人によってガラリと表情を変えます。シルクで透け感、落ち感があるので、袖のロールアップの分量や、重ねるインナーの選び方も重要。着こなし力を試される1枚だからこそ、装う楽しみが広がります。

リネンシルクのパンツに合わせて。

DBKのアイロン

キッチンクロスもアイロンをかけ、しまった姿を美しく。

彩音ちゃんの小さな服やハンカチも、1枚ずつアイロンをかける。きちんとたたみ終わって重ねた風景を見ると満足。

「我が家では、タオルと下着とシーツ以外はすべてアイロンをかけるんです」と佐藤さん。

子育てで忙しい中、自分たちの洋服はもちろん2歳の彩音ちゃんの服からキッチンクロスまでといいますから驚くばかり。

「アイロンをかけて、きちんとたたんでしまうと、清々しくて、心が落ち着くんです」。

実家を出てから、10年以上ずっと愛用しているのが、

ドイツ「DBK」のアイロンです。1.5kgという少し重めのボディで、スチームも強力なので、力を入れずに滑らすだけで、シワがきれいに伸びるそう。

何より、無駄な機能がついておらず、「アイロンをかけるため」だけの無骨なシンプルさが魅力。作業中の風景も様になります。

オムレツもふわっふわの仕上がりに。
料理の腕があがった気がします

タークのグリルパン

外へ持ち出すお弁当箱としても、
自宅でスコーンやお菓子の保存用にも

三谷龍二作
漆のお弁当箱

タークのグリルパン

なすやズッキーニを炒め、「ON THE DISH」のパンで作ったパン粉とオリーブオイルをかけてオーブンに。

今から10年以上前、フードコーディネーターの根本きこさんが営んでいた「coya」で見つけたのが「ターク」のグリルパンでした。当時は高価な上「鉄製で、使いこなすのが難しそう」と手がでなかったそう。やっと4年前に「今なら使える」と購入しました。

鍛冶職人が何度も叩いて成形した鍛造のグリルパンは、蓄熱性に優れているので、野菜はより甘く、分厚い肉の塊も外はカリッと、

中はジューシーに焼き上がるのだと言います。
「フライパンもありますが、私のおすすめは、この両手付きのグリルパン。オーブンに直接入れて、焼き上がったらそのまま食卓へ出せるのがいいところ。深さがあるので汁気のある料理も大丈夫。うちではすき焼きにも愛用中です」。

「お腹すいた〜」という彩音ちゃんの声におにぎりを。この手触りがきっと記憶に宿るはず。

三谷龍二作
漆のお弁当箱

小麦粉、豆腐、ベーキングパウダーを混ぜて揚げ、きなこをまぶしたドーナツを保存するにも。

娘の彩音ちゃんには、陶器の茶碗や漆のお椀、ガラスのコップなど本物を使わせたい、という佐藤さん。お弁当箱もそのひとつ。おにぎりを入れて公園に出かけたり、自宅ではお昼ご飯の器になったり。

「バッグにすっぽり収まるサイズ感もいいんです」。

でも、それ以上に役に立つのが、保存容器として。おやつ用に豆腐と小麦粉で作ったドーナツや、スコーンなどを入れておくのにち

ようどいいそう。
「揚げ物を入れても、調湿効果があるので、ベタッとならないんです。ふたを閉めて食卓に置いた佇まいも大好きです」と佐藤さん。
プラスチックの密閉容器の代わりに漆のお弁当箱を使う……。それは佐藤さんの暮らしの姿勢そのもののようでした。

小さな道具ですが
柑橘類を食べるときには
欠かせません

ももやの
ムッキーちゃん

洗って、干して、使って。
時を経てより美しくなります

石井すみ子作

茶袋

ももやのムッキーちゃん

小さな刃を外皮にひっかけて下へ引くだけ。中身を傷つけることなく、スムーズに切れ目を入れることができる。

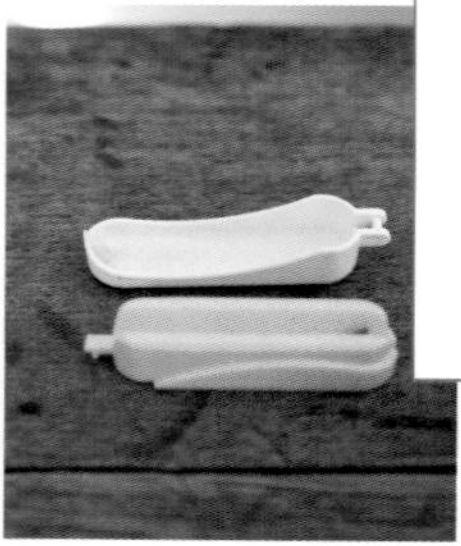

かつて、料理家の細川亜衣さんの料理教室に通っていたという佐藤さん。そこで教えてもらい、「これは便利!」とすぐに購入したというのが、この「ムッキーちゃん」です。ケース状になっていて、ふたを開けると小さな刃がついています。これをはっさくや甘夏など外皮が硬い柑橘系の皮に差し込み、す〜っとすべらすだけで、切れ目が入り、皮むきがぐんとスムーズになるというわけ。さらに、

柑橘の袋に切れ目を入れれば、つるんときれいにむくことができる。

すべってむきにくい中の小袋も、これで切れ目を入れると簡単にきれいにむけるというわけです。

「スタッフや、お客様など、これを紹介した人は、必ず買っていますね」と笑う佐藤さん。

果物だけでなく、牛乳パックを開いたり、食材の小袋を開けるときにも使うことができます。

石井すみ子作
茶袋

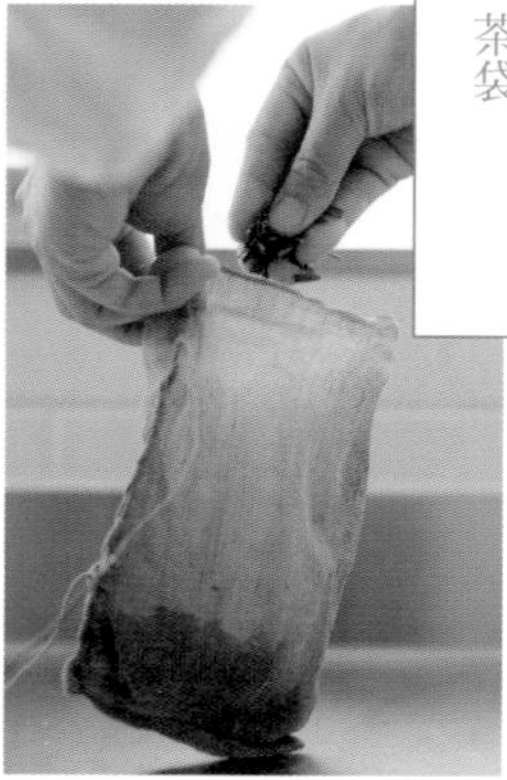

三年番茶を煮出すときに利用。茶葉を袋に入れてやかんに。蚊帳は目が細かいので、粉が出ることもない。

煮込み料理やスープを作るときには、ハーブをこの袋にまとめて。

通気性がいいので、ニンニクなどを入れて吊り下げ保存袋に。

「ON THE DISH」では、佐藤さんがセレクトした暮らしの道具も販売しています。パン以外のもので、初めてお店に並べたのが、ご自身でも愛用しているこの茶袋。

　石井すみ子さんは、陶芸家石井直人さんの奥様で、京都、京丹波の山の麓で、昔ながらの知恵を生かしたものづくりをされています。蚊帳生地で作られたこの茶袋もそのひとつ。昔はどんな家庭でも、お茶を煮出す

塩に、殺菌効果があるというドクダミの花を加えて入浴剤に。

ために、自宅用の茶袋を手作りしていたそう。

お茶用にはもちろんですが、スープなどを作るとき、ハーブをひとまとめにしたり、塩を入れて入浴剤代わりにも。洗って、干して、と何度でも使えるのもいいところ。

「シンプルを極めた道具です。紐の細さや、凛とした佇まいも美しくて惚れ惚れしますね」。

電子レンジ代わりに愛用。
パンを蒸すとモチモチに

照宝のせいろ

生まれてくる娘のためにあつらえた
家でも外でも使える道具

安部仁美作
かご

照宝のせいろ

複雑に編み込まれたせいろは乾きにくいので、洗った後は、風通しのいい窓辺に置いておく。

電子レンジを使わないという佐藤さんにとって、蒸し器は毎日の必需品です。ご飯や野菜はもちろん、日にちが経ったパンも蒸すとモチモチになるそう。

「蒸すなら、黒糖くるみや、ショコラオランジェなど、少し糖分が入ったパンがおすすめですね」。

下段でパン、上段で野菜を蒸せば、食事の準備がすぐにできます。

愛用しているのは、地元横浜の中華街にある調理道

手持ちの鍋でもいいが、せいろとセットのものなら、ずれることもない。

具専門店「照宝」の直径18㎝のもの。

「使っているうちに、焦がしたりするので、気軽に買い替えられる値段のものを選んでいます。鍋とせいろがセットで4000円だったかな」と佐藤さん。

使い終わったら、軽く洗ってから、風通しのいいところでよく乾かして清潔に保ちます。

安部仁美作 かご

「ギャルリ百草」で買った、肌触りのいいスタイやハンカチをこのかごに入れ、いつも過ごす部屋に。

妊娠がわかってから、佐藤さんは生まれてくる娘のために、暮らしの道具をあれこれ整えたのだといいます。この竹作家、安部仁美さん作のかごもそのひとつ。「スタイやおむつを入れて部屋に置いておける、ふた付きのかごが欲しかったんです。でも、赤ちゃんの時期ってほんの一瞬。歩けるようになったら、お弁当を入れて公園へも持っていけるようハンドル付きに。長く使い続けることを考えて、

出かけるときは、中身が見えないようシルクの袋をセットして。

オーダーしました」。

　以前安部さん作の竹で編んだカトラリーレストを手に入れ、その細やかで美しい手技に一目惚れしていたのだとか。

「このかごも、持ち手と本体の留め方や、ふたの縁の仕上げなどが美しいでしょう？　愛着を持って使いたい一生ものです」。

もの選びの眼 3

人の意見を聞いてみる

何を選んだらいいかわからないとき、人の意見を素直に聞くというのは、とても大切なことだと思います。私が使っているシャンプーは、いつも髪の毛を切ってもらっているサロン「tao」のオリジナル。店主の若林容子さんいわく、ヘアスタイルを決めるために必要なのは、髪質がいいということなのだとか。美容室でセット後にかっこよくても、毎日自分で洗って乾かして、「いい感じ」にスタイリングできないと意味がない。そのためには髪が元気でないと。そして、髪質をよくするためにはシャンプーが大事だと。

実は値段がやや高めなので、最初は躊躇しておりました。でも、使ってみると、太くて多い髪が、適当に乾かしただけで、サマになるように。

人の言葉に素直に耳を傾けられるのは、自分が「困っている」ときだと思います。でも、意外に人は何に困っているのか自覚がないよう。「ここが不便」「ここが気持ち悪い」。日常の違和感に敏感になればなるほど、それを解決してくれる「言葉」がすっと入ってきます。まずは、身の回りを見渡して、耳を澄ませたいなあと思います。

洗うことまで考えて

若い頃、もの選びはとにかく見た目第一でした。多少使いづらくても、かっこいいほうがいい。便利なだけのものはダサい。そう信じ込んでいました。

でも……。何気なくお茶を入れて使っていたポットの内側に、茶渋がびっしり付いているのを発見したとき。ジューサーのふたのパッキンが黒く変色しているのを見たとき。何度か「ぞっとする」体験をして、道具選びには洗いやすいこと、清潔に保つことができること、という視点が必要なのだとわかってきました。

私は毎日コーヒーをまとめてたててポットに入れておきます。そのとき愛用しているのが、サーモスのこのポット。ブラシを使わないと洗えないのでは、面倒くさい。これは口が広いので、手を突っ込んで中まで洗えるのでラクチン！　しかもふたも分解して洗うことができます。ジューサーも、トースターも、買う前に「どうやって洗う？　どうやって掃除する？」と考えることが大事。やっとそう思える年齢になりました。

高くても自分で決めれば買っていい

誰かが使っている様子を見て、「わあ、いいなあ」と、同じものを買ってみる。私が新しい道具を手に入れるきっかけは、「誰かの真似」であることが多かったように思います。

ところが……。「若い頃から、みんなが持っていないものが欲しいというタイプでしたね」と笑う唐澤さん。今回紹介してくださった「デロンギ」のアイロンも、「ソサエティ」のリネンクロスも、初めて知るものばかりでした。

お店で「あ、いいな」と思うものに出会ったら、多少高価でも「エイッ」と買ってしまうそうです。以前、洋服の取材をさせていただいたとき、唐澤さんのワードローブのほとんどは、あの「ジル・サンダー」でした。ただし、シンプルなカットソーが中心で、少ない枚数を長く使い続けていました。

「長く使わないだろうな、と思うものは絶対に買い

唐澤明日香さん

文化服装学院卒業後、「サザビー」のインテリア事業部勤務を経て、自身で布小物の制作を始める。高速道路を走るトラックの雨ざらしになった幌を見て、美しいなあと感動。帆布でのバッグ作りを始める。1996年「アトリエペネロープ」を立ち上げる。中目黒のショップと併設したアトリエで、自らもミシンを踏み、ファーストサンプルを作っている。プライベートでは、ウイスキーやシガーをたしなみ大人の遊びも。
https://www.atelierspenelope.com/

たくない。その辺はすごくシビアだと思いますね。ビニール傘を買うぐらいなら、濡れて帰りたいって思うんです」と笑います。

お金の使い方は、道具の持ち方と密接に関わってきます。唐澤さんの使いっぷりは大層男前です。しかも人に見せるためではなく、自分が満足するために買う……。だからこそ、選ぶ基準は、「私本位」でいいと考えるそう。

「たとえば、多少使いづらくても、形がいい、と思えば自分をそれに合わせて暮らします」と唐澤さん。ご自身が作るバッグも、持ち手が短いほうがバランスがいい、と思えば、多少持ちにくくても、デザインを優先します。その方が持っていてワクワクするから……。

何にお金をかけるかも、何を基準に選ぶかも、自分で決めていい。そんな当たり前のことが、やっとこのごろわかってきた気がしています。

THEの洗濯洗剤とマルチクリーナー

思わず"ジャケ買い"した洗剤は
人と環境に優しいよう
考え抜かれた逸品でした

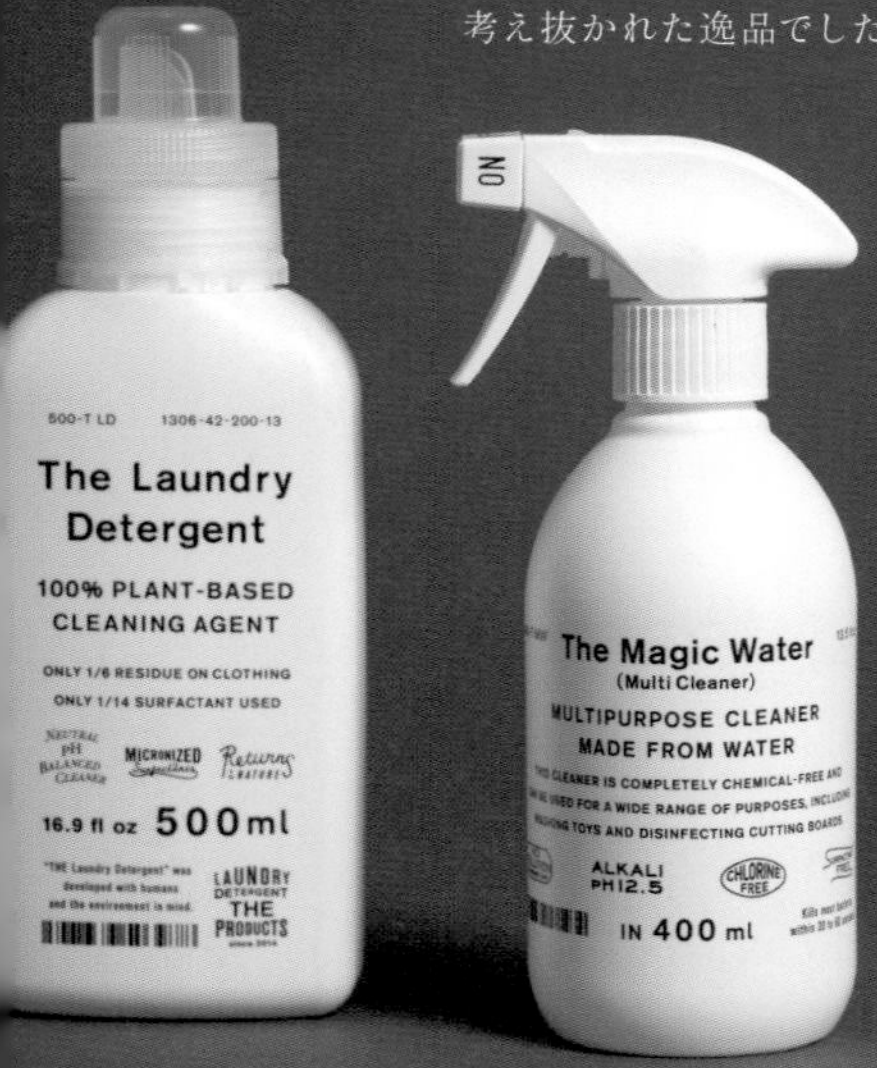

ボイラー付きで
高圧の蒸気がプシュッ！
その気持ちよさが病みつきに

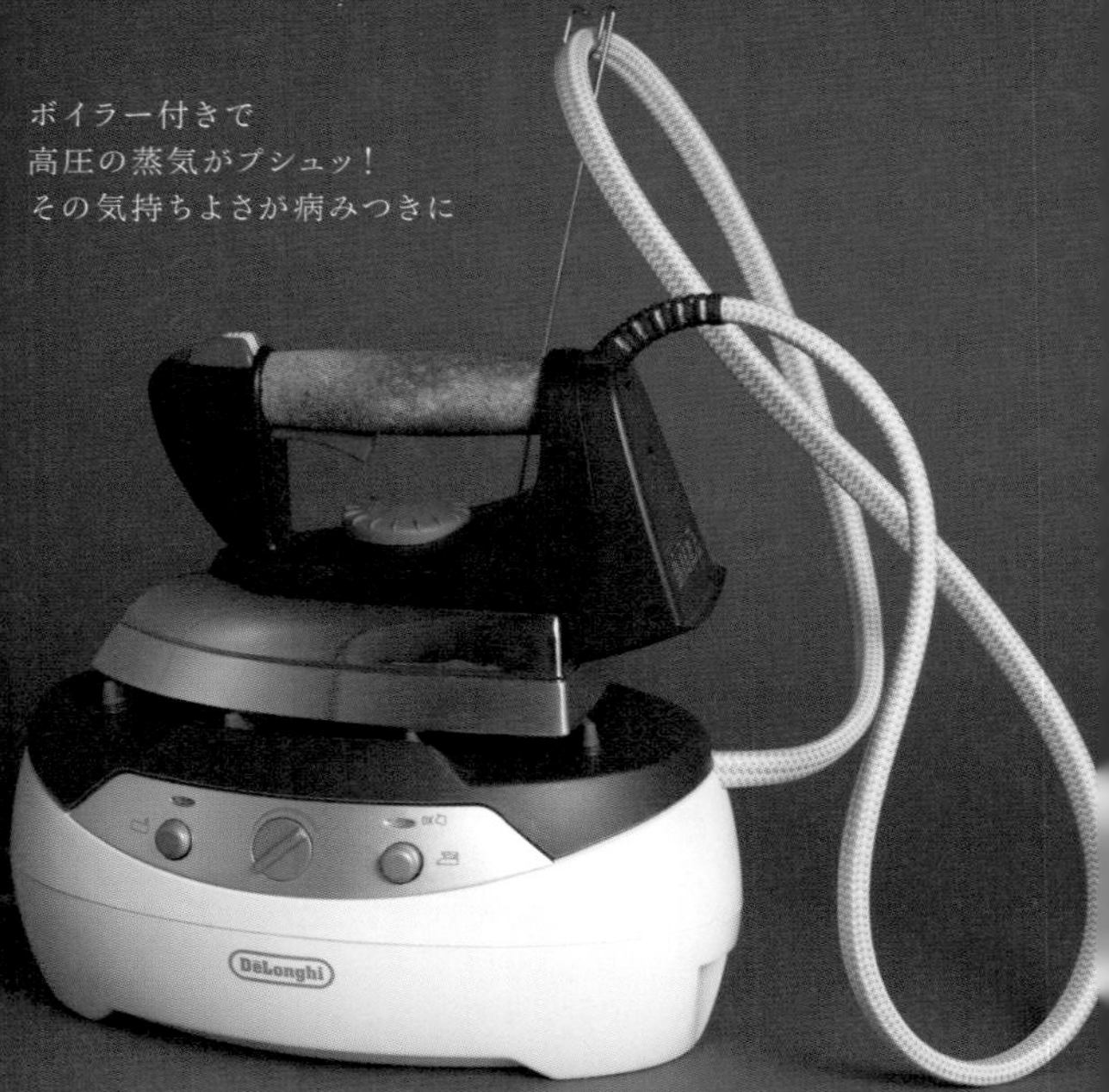

デロンギのアイロン

THEの洗濯洗剤とマルチクリーナー

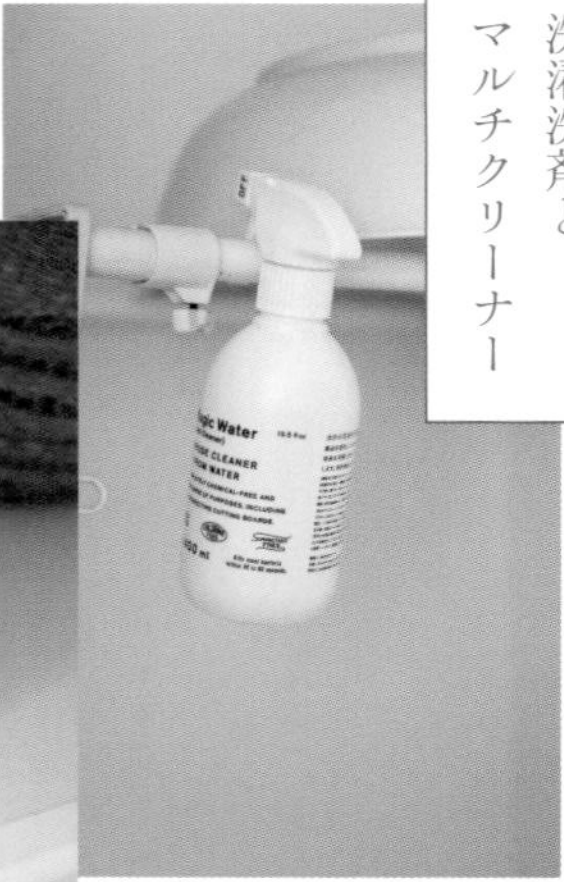

クリーナーは洗面所のつっぱりラックに引っ掛けて。洗剤は洗濯機の上に。出しっぱなしでも目障りにならない。

「私、洗濯が大好きなんです」と唐澤さん。洗剤選びではパッケージと香りが重要。この「THE(ザ)」シリーズは、「これこそは」＝「THE」という定番を新たに生み出すことをコンセプトに立ち上げられたのだとか。

洗濯洗剤は、人と環境を徹底的に考慮して開発されたもの。綿や麻からウール、シルク、ダウン素材までこれ1本で洗うことができます。マルチクリーナーの

材料は水だけ。高濃度アルカリイオン洗浄水なので、油汚れがすっきり落とせて除菌効果も。
「カーペットに赤ワインをこぼしたとき、きれいに落ちてびっくりしました」と唐澤さん。
　やや高価ですが、掃除や洗濯のたびに、「ちょっと特別」という気分までが手に入ります。

デロンギのアイロン

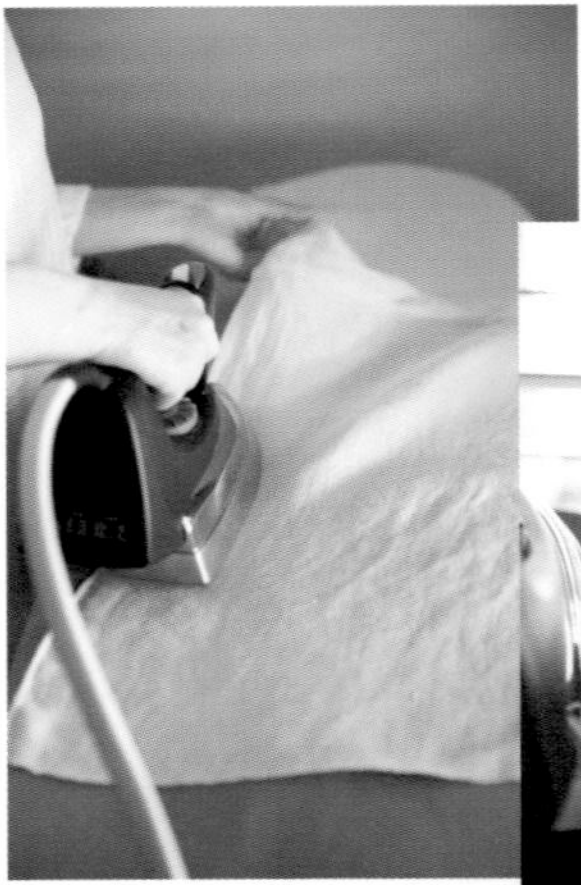

本体に水を入れてスイッチオン。高圧の蒸気で、力を入れず短時間でプレスでき、仕上げたときの爽快感は格別。

朝起きて、明るい光の中でアイロンをかける、というのが唐澤さんの習慣だそうです。シャツはもちろん、カットソーやハンカチも、ピシッとかけるのが好きだそう。

愛用しているアイロンを見せていただくと、その見たこともない形にびっくり！　1リットル入りのボイラーとアイロン本体がホースで繋がっていて、まるでクリーニング屋さんのよう。

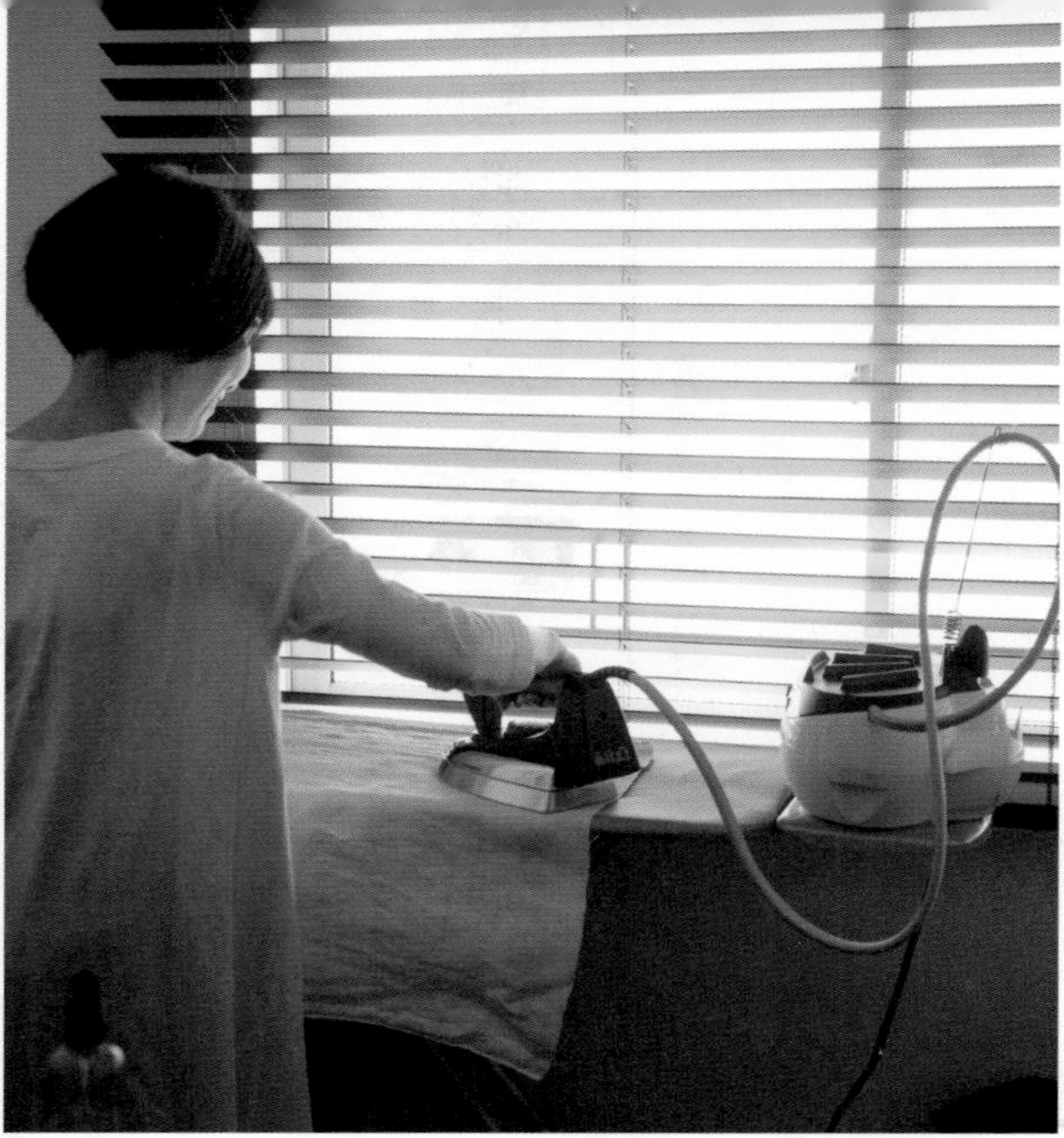

「高圧で蒸気が出るので、シワの伸びも、アイロンのすべりも国産のものとは比べものにならないくらい」と唐澤さん。
朝、Tシャツにアイロンをかけて、そのまま着て出かけることも。ピシッとプレスされた洋服は、その人をキリッと際立たせ、清潔感と共におしゃれ度をぐんとアップさせてくれます。

お気に入りの音楽を
“持ち運ぶ”ための道具です

バング&オルフセンの
ポータブルスピーカー

パナソニックの
ジューサー

です

バング&オルフセンのポータブルスピーカー

ストラップの長さも調節可能。アルミボディは、外部からの衝撃にも強い。

朝起きると、まずはアンビエントな曲を。料理をするときには軽めのポップスを、夜お酒を飲むときにはソウルを……。

「好きな音楽の幅は広いですね」と唐澤さん。暮らしの横には必ず音楽があるのだと言います。

だからこそ、スピーカーは持ち運び自在で、どこででも使えるものを。このポータブルスピーカーは、テーブルや棚の上に置いてもよし、革のストラップでド

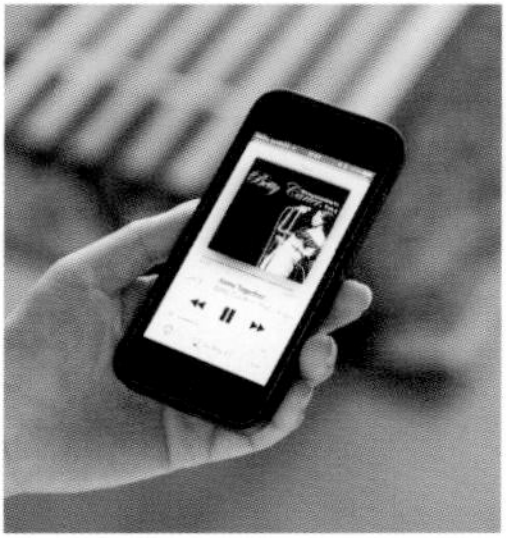

スマートフォンにストックした音楽を
ブルートゥースで飛ばして。

アノブなどに引っ掛けて吊るしておいてもよし。360度全方向に音が広がるので、部屋のどこにいても、迫力のあるサウンドを楽しむことができます。
　車好きでもある唐澤さんは、車内に持ち込むことも多いそう。高級オーディオメーカーならではの音質のよさが、贅沢な時間を生み出してくれます。

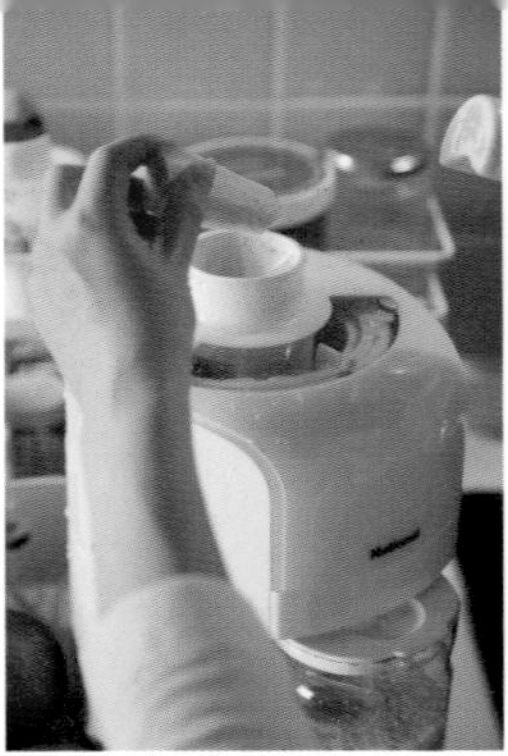

パナソニックのジューサー

リンゴとニンジンをカットして投入。
繊維を取り除いて搾汁。

このバスケットに搾りかすがたまるので、取り出してワンタッチで捨てることができる。

なんと10年以上前から使っているというジューサー。「National」というロゴが時を感じさせます。

「父の友人が長野でリンゴ農園を営んでいて、毎年たくさん送ってくれるので、リンゴとニンジンのジュースを作ったのがはじまりでした。今は、バナナやヨーグルトを入れてミックスジュースを作ったり」。

材料をプレスしてゆっくり搾るので、栄養分を逃しません。

パーツを替えれば、ジューサーであると同時にミキサーとしても使えるのもいいところ。じゃがいもやかぼちゃでポタージュを。「ビーツを入れると真っ赤なスープになってきれいなんですよ」と唐澤さん。どんどん新商品が出回っていますが、これで満足。まだまだ現役で活躍中です。

トロンとして柔らかい。
布ものの違いは
使っているうちにわかるもの

ソサエティのリネンクロス

打ち合わせには
このポーチ1個があればOK

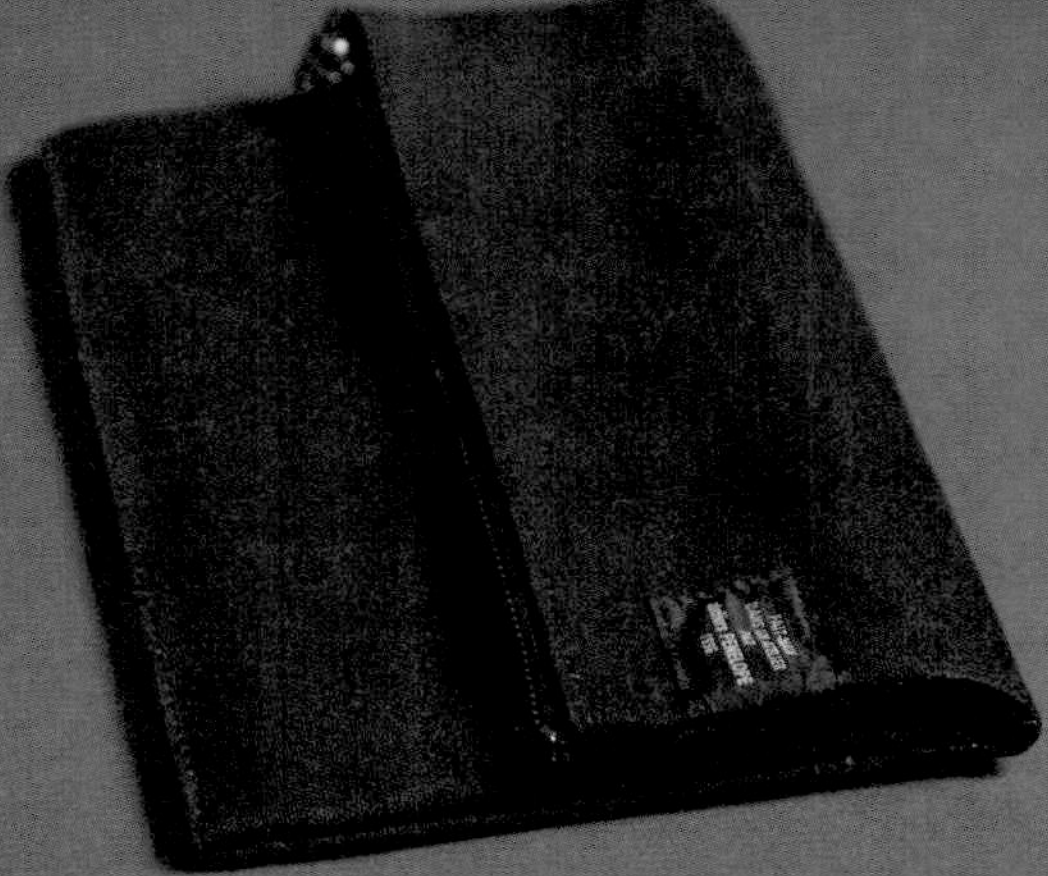

アトリエペネロープの
ダイアリーポーチ

ソサエティのリネンクロス

仕事にお弁当を持っていく日には、
お弁当包みとして利用している。

どこにでも、同じようなものがたくさんある……。そんなアイテムほど、コレと選ぶのが難しいものです。リネンクロスもそのひとつ。ただし、買って使って、洗って、肌に触れているうちに、その違いを実感できるように。

インテリアショップで、オリーブグリーンやアースカラーなど、唐澤さん好みの5色セットだったため、一目惚れして買ったというのが、「ソサエティ」でした。

テーブルの上の雑多なものの目隠しにも。今、編み物にハマっているという唐澤さん。作りかけはここに。

イタリアの名門テキスタイルメーカーが手がけるホームリネンのオリジナルブランドです。

「細い糸で、麻独特のぬめり感があり、トロンとしているんです」と唐澤さん。その違いを見分けるのは、さすが布のプロ！　タオルやお弁当包みに。使い方は手に入れてから考えるそうです。

アトリエペネロープのダイアリーポーチ

ペンケース付きなので、別に分けなくても、これひとつで事足りるのがいいところ。

後ろポケットには、DMや名刺などすぐ使うものを。

唐澤さんが、自分で使うことも考えて作ったのがこのポーチです。A5サイズの手帳やノートがぴったり収まるサイズ。さらに、ファスナーを開けるとペンがしまえ、後ろポケットにはちょっとしたハガキや名刺なども入れておけて、細々としたステーショナリーをひとまとめにできます。

パラフィン加工を施した帆布は、オイル感があり、しっとりとした肌触り。使い込むうちに、どんどん味

わいを増すのだとか。
　受注生産で、アトリエ内で手作りされているそう。グレー、ライトグリーン、ターコイズブルーなど、全11色の中から好きな色を選んでオーダーすることができます。
　自分に必要な最小限のものだけを入れて、仕事の相棒として使いこなしたくなります。

道具を買うと、見えないものが見えてくる

本多さんというと「収納の達人」として知られていますが、よくよくお話を聞いてみると、彼女が好きなのは、「収納」ではなく、その先にある「暮らし」そのものでした。同じじゃない?と言われそうですが、ここに大きな違いがあると思うのです。なんのために「収納」の工夫を凝らすのか。それは、ラクして片付くシステムを作り、日々ストレスなく暮らすため。

では、私たちはなんのために「いい道具」を選ぼうとするのでしょうか?

「大学時代、アルバイトをしたカフェのオーナーは、器ひとつを選ぶにもこだわり抜く人でした。私なんて、当時は『えっ? イオンの2階で買うのじゃダメなの?』なんて思っていましたから」と笑う本多さん。

誰でも、こんなふうに「道具デビュー」をする日がやってきます。昨日まで使っていたアレと、今日手にしたコレは、何かが違うらしい……と気づく日。

本多さおりさん

生活重視ラク優先の整理収納コンサルタント。ラクに片付いて家事がしやすい仕組みづくりを重視し、誰でも自分の生活に落とし込めるような提案を心掛けている。夫、長男、次男の4人家族で、2020年よりフルリノベーションした中古マンションに暮らす。リノベーションでは、家族皆がのびのびできて家事動線のいい間取りを実現。主な著書に『片付けたくなる部屋づくり』（ワニブックス）、『家事がしやすい部屋づくり』（マイナビ出版）などがある。
https://hondasaori.com/

「カフェの厨房で使っていた『柳宗理』のボウルは、当時私が持っていた100円ショップのボウルの20倍の値段でした。でも、使ってみたら、深さも、角度も驚くほど理にかなっている。何より使っていて気持ちがいい！　結婚したら、『柳宗理』のボウルを絶対買おう！って決めていました」と本多さん。

機能を満たすだけなら、なんでもいいはず。でもたとえば、「持ち心地」だったり、「美しい動作性」だったり、いい道具を使うことで、知ることはたくさんあります。

私は、若い頃からたくさん道具を買ってきました。そこで手に入れたかったのは、「いい道具」ではなく、見えないものが見えるようになる力なのかなあと思うのです。

気が重かった日々のご飯作りを
劇的に変えてくれた
魔法の道具

リッチェルの積み重ねができるザルとバット

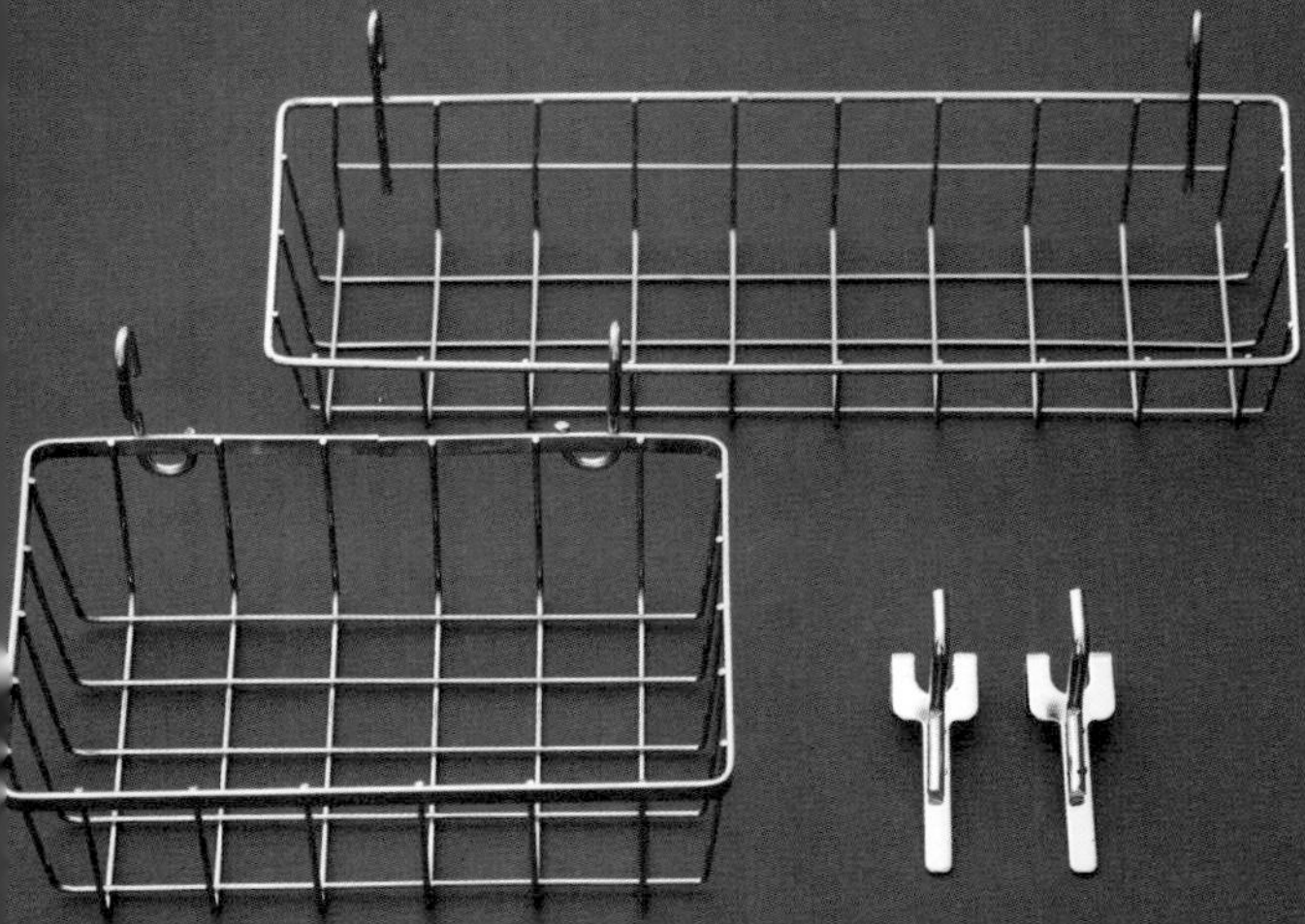

収納グッズを選ぶ鉄則は
目にうるさくなく、手入れがしやすいこと

100円ショップの壁掛け収納パーツ

リッチェルの積み重ねができるザルとバット

大サイズは、まな板とほぼ同じ幅。移し替えるとき、こぼれることもない。

水洗いした野菜を入れ、バットでふたをして振ると水切りできる。

もうザルは持っているから、同じアイテムは買わない、劣化しやすいプラスチック製のものは買わない、という本多さんが「それでも」と愛用しているから、相当な威力を持つはず！　四角いザルとバットがセットになっています。

「私、料理が苦手で……。でも、これを投入してみたら、段取りが抜群によくなったんです」。

　切った野菜をザルにガサッと入れて水洗いしたり、

大と小の２サイズを２個ずつ常備。下ごしらえが終わった野菜を、きちんと並べていけば段取り力もアップ。

茹でた野菜のお湯を切ったり。作業を終えたらバットにセット！　これで調理台の上が水浸しにならず、材料を次々に並べていけるのです。

四角い形は、丸いボウルとは違ってデッドスペースを作らず、ピシッと整列させられるし、重ねておけるのも便利。使いこなすことで、頭の中が整理されていきます。

100円ショップの壁掛け収納パーツ

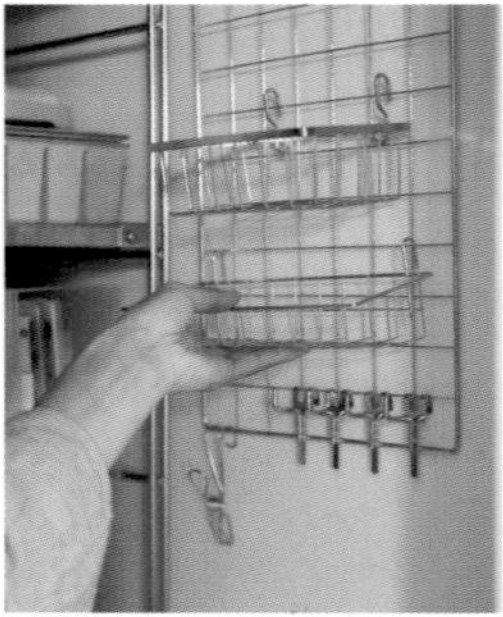

定期的に100円ショップのパトロールに出かけているという本多さん。選ぶ収納グッズには、原則があります。①チープに見えないこと。②シンプルなデザイン。③ほこりがたまりにくいなど、手入れがしやすいもの。

「時間が経つとどうしても汚くなるプラスチックのものはあまり買わないですね」。

この壁掛け式のかごとフックはシャープなシルバーの金属製で合格！　クローゼットの側面にネットを取りつけ、かごをセット。上段は財布など、外出に必ず持って行くものを。下段は、帰ったときに財布から出したレシート置き場に。フックには腕時計やアクセサリーを。こうして身支度コーナーが完成。空中にも収納スペースを生み出すことができる道具です。

クローゼットの中にスチールラックを組み込み、余った壁の部分にネットとかごをセット。
このパーツがあれば、デッドスペースを収納に活用することができる。

自然との共存を目指す
企業の姿勢にも共感して

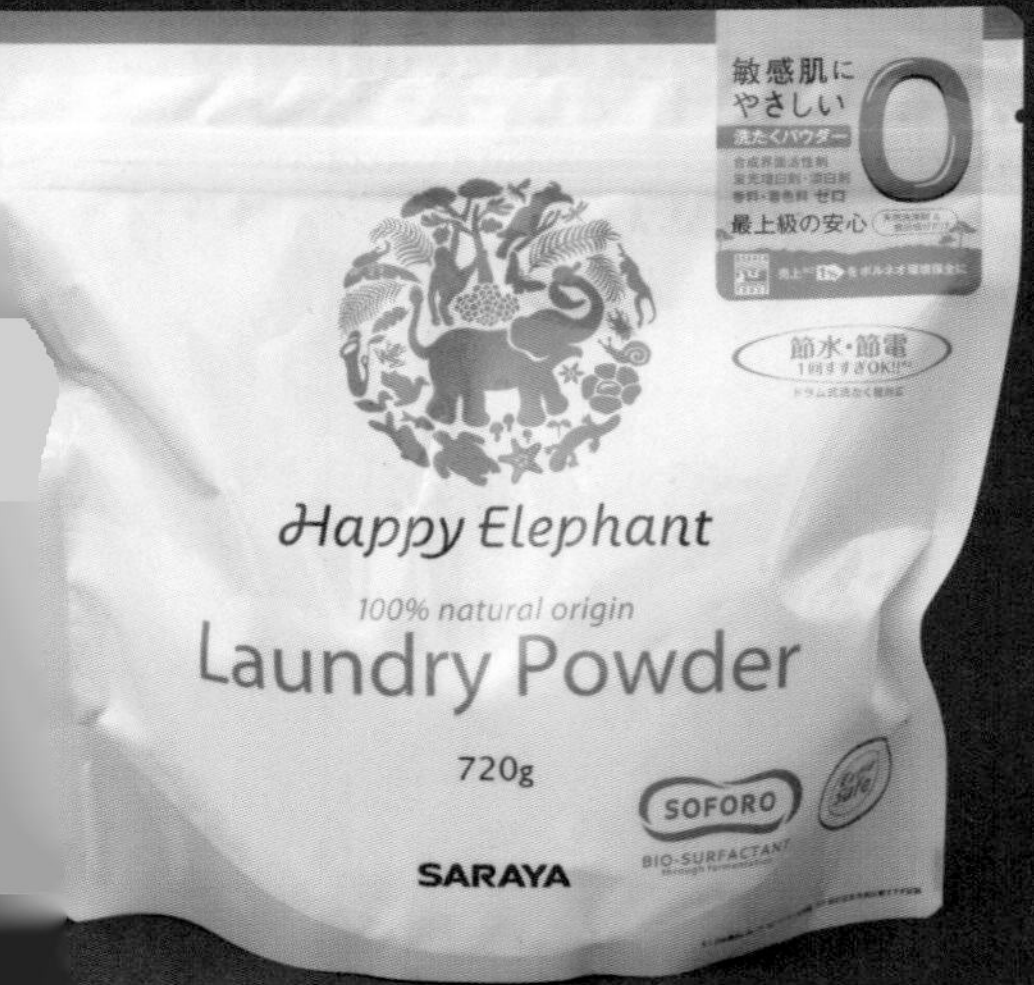

サラヤの
ハッピーエレファント
洗たくパウダー

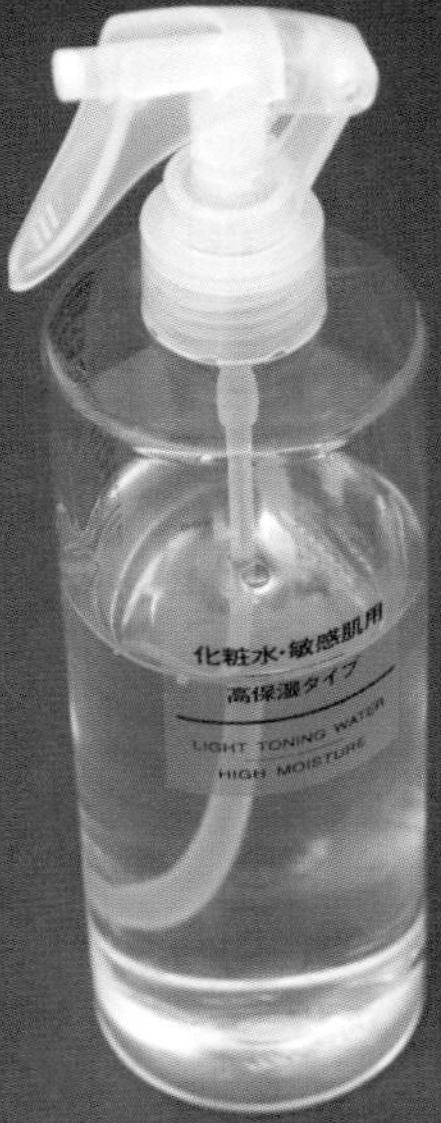

忙しい毎日には
これ1本でいいという
安心感がなにより

無印良品の化粧水

サラヤの
ハッピーエレファント
洗たくパウダー

冬にはこのリキッドタイプを使っている。

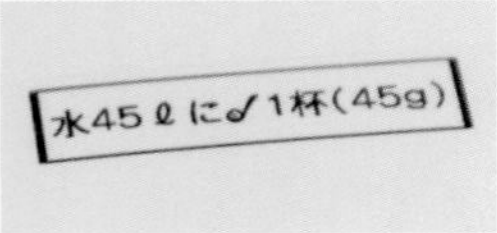

洗たくパウダーをこのホウロウの容器に移し替えて使っている。ラベルを貼って間違えないように。

昔は合成洗剤を使っていたという本多さん。その後、環境や体への影響を考えて粉洗剤に。でも、どうしても水に溶けにくく、白く固まりやすい……。そんなとき、よく行くスーパーで「ジャケ買い」したというのがこれ。天然酵母が発酵により生み出す天然の洗浄成分「ソホロ」を配合。

「天然成分って、洗浄力がどうなんだろう?と思って使ってみたら、汚れがしっかり落ちる上、すすぎが

1回でいいから節水にもなるんです。化学的な匂いもしないし、浮気なく使い続けています」。
　昨年生まれた子供の肌着などを洗うのにも安心です。4～11月はこのパウダータイプを、水の温度が低くなる12～3月はリキッドタイプを、と1年で使い分けているそうです。

無印良品の化粧水

「この潔いボトルのデザインに一目惚れ。洗面所に出しっぱなしでもイヤじゃないでしょう?」。

有名ブランドの高価な化粧水を使ったこともあったけれど、「どこがいいのか、さっぱりわからなくて」と笑います。この化粧水は、岩手県釜石の天然水を使用。無香料、パラベンフリー、アルコールフリーと刺激を抑えているので安心。さらに高保湿タイプは、顔にシュッとひと吹きするだけでしっとり。今までは、シートマスクと併用したりと組み合わせで使ってきましたが、今は乳液やクリームさえ使わずこれ1本に。

小さな子供がいるお母さんは、どうしても自分のケアまで手が回らないもの。そんなときに、信頼できる化粧水が1本あれば、心まで潤いそうです。

「化粧水なのに驚きの保湿力！私の基礎化粧はこれ１本です」。

洗濯物を干した風景は
丁寧な暮らしの
バロメーターだと思います

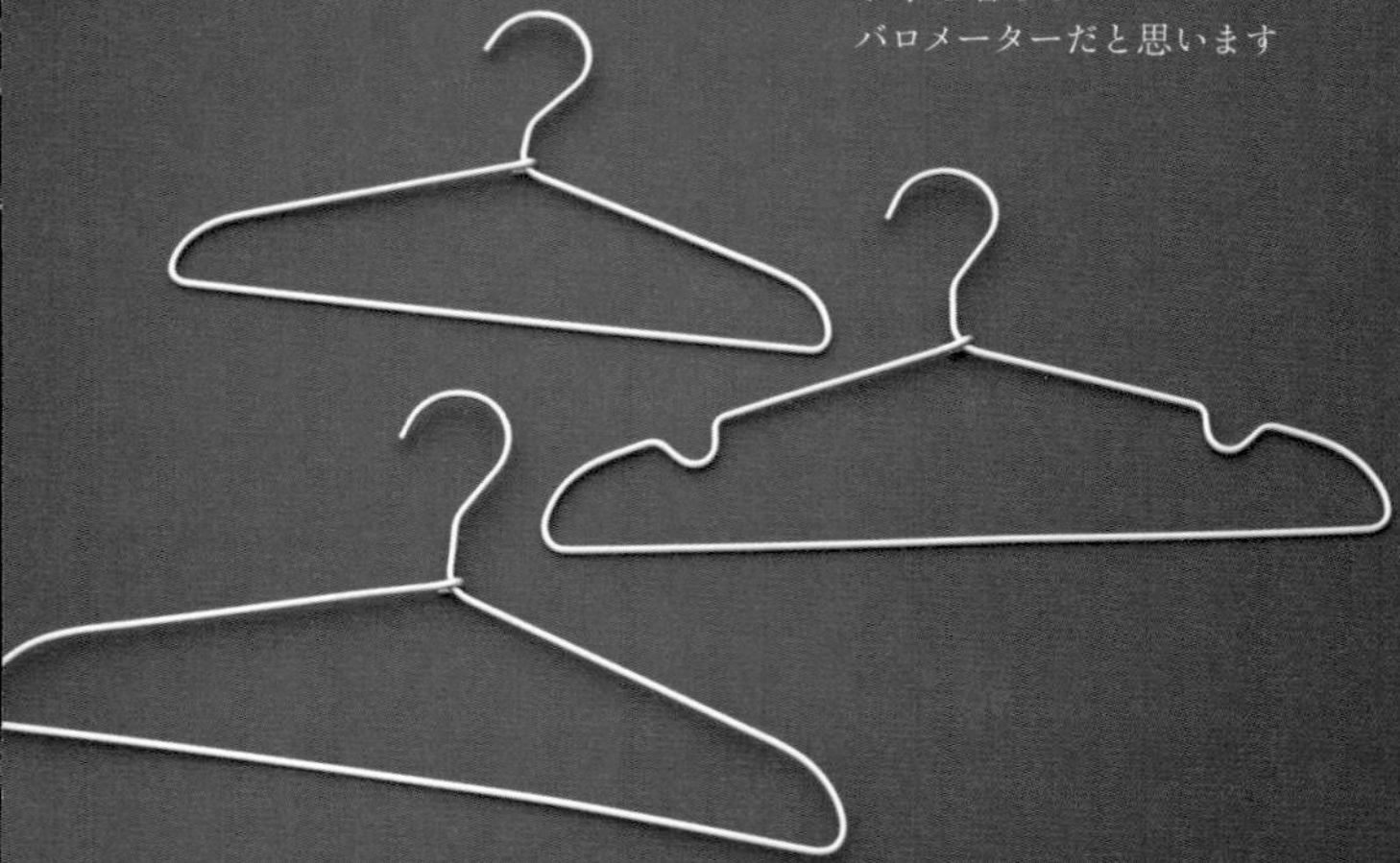

無印良品の洗濯ハンガー

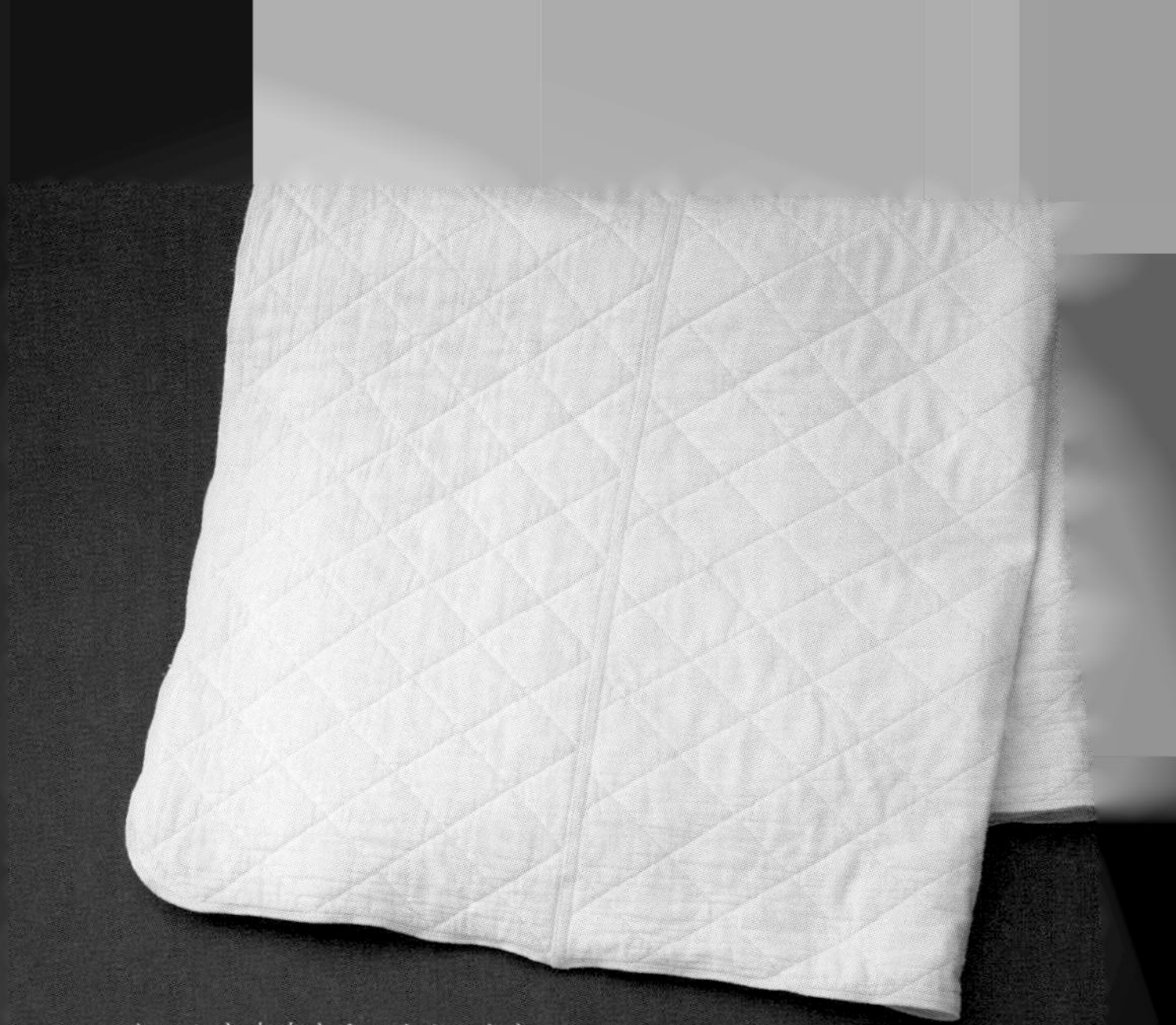

パシーマの寝具

しっかり丈夫なキルトケットを
シーツ代わりに

無印良品の洗濯ハンガー

専用ピンチで固定すれば、洗濯物の間が等間隔に空いて風の通り道を確保できる。

「誰かの家の洗濯物をこっそり眺めるのが好きなんです。干してある様子だけで、この人は、部屋の中まできっときれいだろうなってわかるでしょう?」と本多さん。

だからこそ、自分で干すときにも気持ちよく、美しく。そのために選んだのが、「無印良品」の洗濯用ハンガーです。サイズ別に夫婦用、子供用と使い分け。肩紐をひっかけられるタイプは、キャミソール専用です。

33cmのハンガーは、洗濯物だけでなく、クローゼット内でも使用。ここは、息子が今シーズン着る服だけを吊り下げておくスペース。

幅41cmのハンガーには夫婦の衣類を。33cmには、息子の子供服を。ピシッと干せば気持ちまで晴れ晴れ。

さらに、物干し用ピンチでハンガーをひとつずつ物干し竿に固定します。

「面倒でも、この作業をすることで、風が吹いて一箇所に片寄ることなく、パリッと乾きますよ」。

おそろいのハンガーがピシッと等間隔に並んでいる様は、本多さんの暮らしの姿勢を物語っているようです。

パシーマの寝具

ケットをシーツ代わりに布団の上に敷くだけ。厚みがあるので、寝ていてよれたり片寄ったりすることもない。このケットは肌掛けとしても使うことができる。

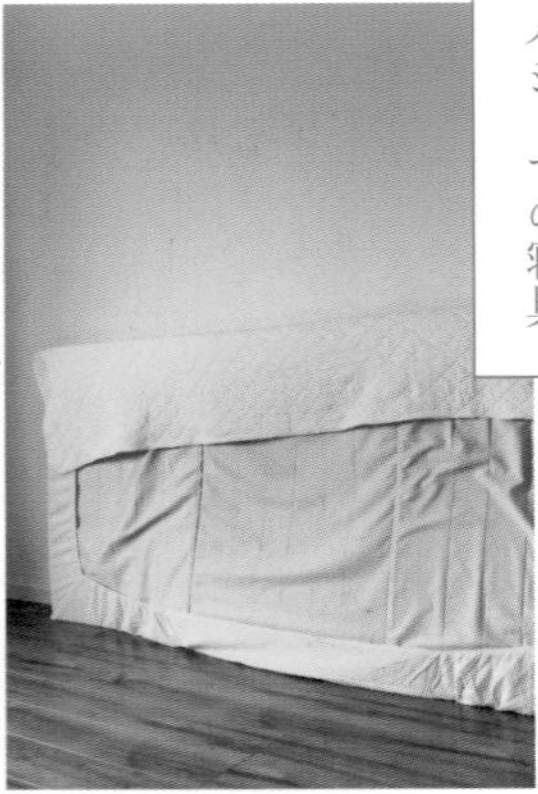

起きると、布団ごと壁に立てかけて風を通し、湿気を抜く。

「旅先のホテルなどで、いい寝具に出会うと、朝なんとも言えない充実感で目覚める……。そんな経験を経て、寝具の大切さを実感していました。だから、布団屋さんで熱心にすすめられ、エイッと買っちゃったんです」と本多さん。

　パシーマのキルトケットは、脱脂綿を中芯にして綿のガーゼで両面を保護し、丈夫なキルティングで仕上げたもの。肌に気持ちよく、アトピーなどの人にもおす

枕カバーも「パシーマ」のもの。寝汗を吸い取りサラサラ感が持続する。

すめなのだとか。本多さんは、ひと部屋に布団3枚を敷いて、これをシーツとして使用。

「サラッとした肌触りで、夏は涼しく、冬は暖かいんです。一度使って家族全員とりこになりました」。

洗濯機で洗える上、洗うたびに風合いが増すのもいいところ。睡眠が健康と笑顔を支えてくれます。

やっと巡り合った
体に馴染む下着です

プリスティンの
カップ付きキャミソールと
薄手レギンス

こんな大人の
サロペットが欲しかったんです

アトリエナルセの
サロペット

プリスティンのカップ付きキャミソールと薄手レギンス

身につけたとたん、ピタッと体に馴染む……。下着の良し悪しだけは、自分の体で実感しなければわかりません。本多さんが、友人から誕生日プレゼントにもらったというのは「プリスティン」のカップ付きキャミソールでした。

「フィットするのにしめつけなくて、こんなに違うものなのかと驚きました。以来もうコレじゃなくちゃダメになって」と笑います。

オーガニックコットン

100%で、さらりとした着心地。薄手で表に響きにくく、丈は長め。カップは取り外しできます。
レギンスは、無縫製のはらまき付きで、程よくホールド感があり、1年中身につけているそう。
「冷えとりにもいいんです。これを履くと、疲れにくくなりました。下着って健康にも直結しますね」。

アトリエナルセのサロペット

「私、私服の制服化に憧れているんです。コレさえ着ておけば大丈夫。そんな自分に似合う1着を見つけられればいいなあと思って」と本多さん。

大好きだというサロペットですが今まで何度も失敗してきたそう。

「アイテムとして好きなので、見つけると試着してみるんだけれど、なぜか似合わないんです。私は、腰回りから太ももにかけてが太くて、それがコンプレックスで」。

ところが、この「アトリエナルセ」のサロペットを着てみると、「シュッと見えるんですよ！」と本多さん。すっかり気に入って、夏はリネン、冬はウールと同じ形で素材違いでそろえているそう。

誰かに似合うものが、自分に似合うとは限りません。体型に合うことこそ、洋服選びの鉄則です。

受け継ぐということ

　このネックレスは、母からもらった「ジョージ・ジェンセン」のものです。若い頃、私はこのアクセサリーの魅力がさっぱりわかりませんでした。「小粒のダイヤやパールが付いているのがいい」なんて思っていたから。

　でも、２～３年前に実家に帰って母のジュエリーボックスを覗いていたら、「あれ、このシンプルなネックレス、なかなかいいかも」と思うようになったから不思議です。

　父からは会社員時代に着ていたという古い「バーバリー」のトレンチコートを譲り受けました。長年着込んでクタッとなったコートは、自然な落ち感で、着て出かけるたびに「一田さん、かっこいい！」と褒めてもらいます。

　母はネックレスを、きちんと磨き、手入れしていました。父は、毎年コートをクリーニングに出し、着なくなってからも大切に保存していました。愛着を持って使い続けたものは、受け継ぐことができる……。両親が大切にしてきた年月と共に、今、私が身につけられることを幸せだなあと思います。そして、私もそんなものとの付き合い方をしていきたいと思うのです。

木型で選ぶ

私の靴箱に入っている靴の80%は、「ショセ」のものです。6〜7年ほど前に、取材で知り、履いてみるとピタッと足に馴染み、どんなに歩いても疲れません。「靴の木型が合うってこういうことなんだ」と初めて知りました。

店頭で靴に足を入れて歩き回ってみて、「これなら大丈夫」と買った靴でも、長時間履いていると、どこかが痛くなったりします。ピタッとフィットするものと出合う確率は、極めて低いのかもしれません。だからこそ、「これだ！」と思うブランドを見つけたら、きっと木型が合っているということ。違うデザインを選んでも、ほぼ間違いないということです。

レースアップシューズは「ショセ」がぴったりなのですが、ぴったり履けるパンプスがまだ見つかっていません。とあるセレクトショップのオーナーに「どこのものがいいですか？」と聞いてみたら、「私に合うものが、一田さんに合うとは限らないんですよね。履いて見つけるしかないですね〜」と一言。シンデレラのように、いつかぴったり合うパンプスと巡り合う日を楽しみにしています。

道具には、新陳代謝が必要

「いいものを長く使いたい」とはよく聞く言葉です。でも……。手に入れたときには、ドキドキしても、人って必ず飽きるもの。使い続けているうちに、だんだん最初のときめきが薄れていきます。

新しい道具を買うことは、それを使う時間を手に入れることです。たとえば、新しい洗濯ネットを買ってみたら、いちばん小さいサイズには、靴下2足だなと知る。洗濯物をたたみながら、「やっぱり目が細かいから、タオルの毛羽立ちが黒いシャツにつくなんてことはないな」と嬉しくなる。ほんの脇役ですが、買ったことで、暮らしに新しい風がふきます。

引田さんのお宅を訪ねると、いつも風通しがいいなあと、清々しい気持ちになります。ものが少なくて、すっきり片付いているからではありますが、それ以上に、いつも何かを吸収し、古いものを手放す……。そんな循環がそこにあるから。

引田ターセンさん
かおりさん

ターセンさんは、IT企業に勤務。仕事にあけくれたビジネスマン時代を経て52歳で早期リタイア。かおりさんは、専業主婦として一男一女を育てる。「地元においしいパン屋さんが欲しい」「毎日の暮らしが少し素敵になるものを提案するギャラリーを作りたい」というかおりさんの願いで、2003年、ふたりで東京吉祥寺に「ギャラリーフェブ」と、パン屋「ダンディゾン」をオープン。
https://hikita-feve.com/
https://dansdixans.net/

「ダイソン」の新型掃除機が、「音が静かで軽くてぐんと進化した」と知れば、さっそく手に入れて、旧型は娘さんに譲ったそう。次の人が喜んで使ってくれればそれでOK。常にアンテナを立て、情報をインプットし、使わなくなったものはきっぱりと手放す……。

実は私は、まだ使えるものを手放すことに、一抹の罪悪感を感じていました。でも、世界では、様々なジャンルの作り手が、多様な価値観を生み出しています。その変化を暮らしに落とし込むのが、道具を使うということ。だから、「もう持ってる」なんて言わないで、買い替えたっていい！　そう割り切ってから、毎日が楽しくなってきました。道具には、そんな新陳代謝が必要だと思うのです。

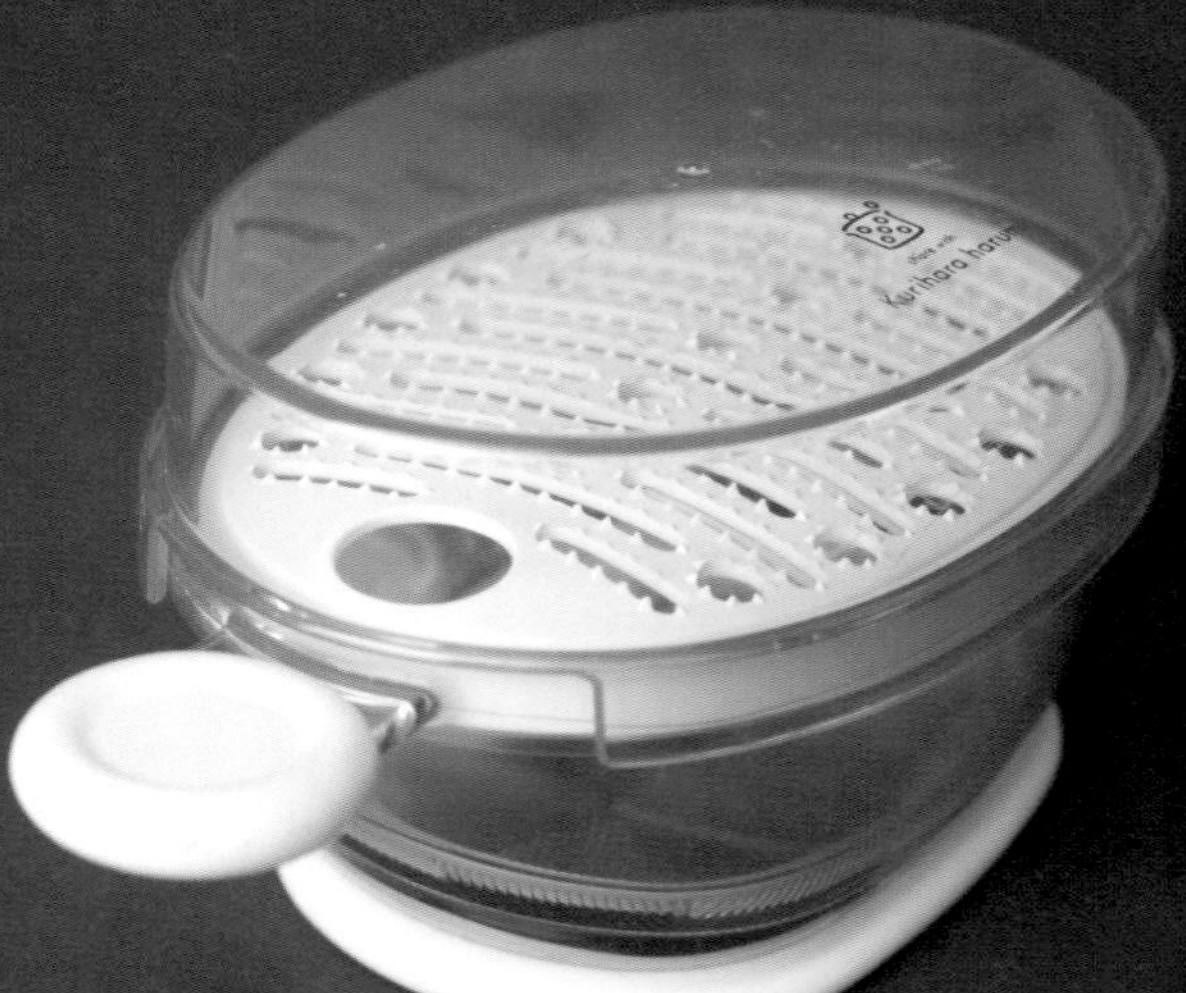

料理家、栗原はるみさんの
一言から購入を決意

シェアウィズ
クリハラ ハルミの
マルチスライサー

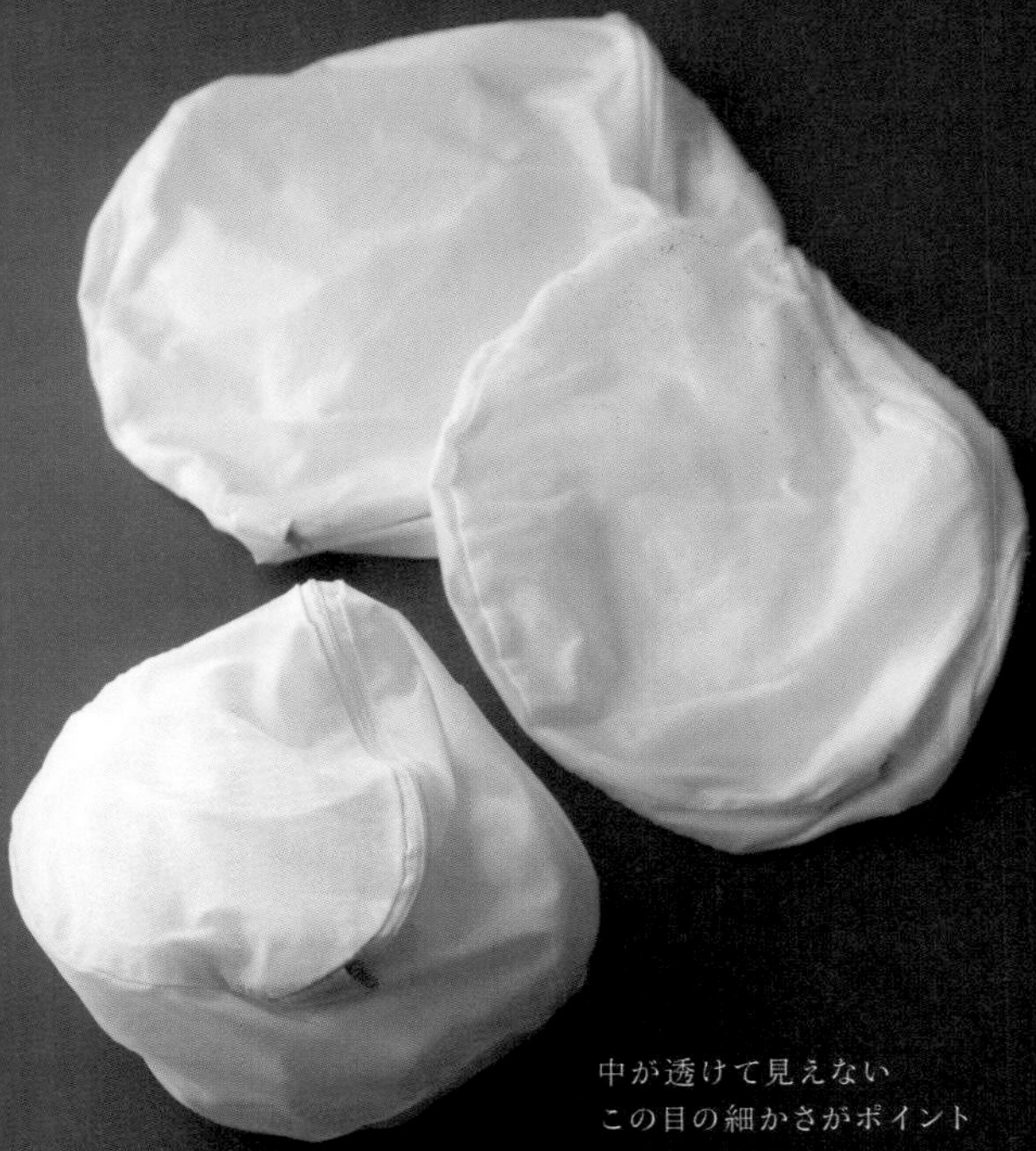

中が透けて見えない
この目の細かさがポイント

無印良品の洗濯ネット

シェアウィズ
クリハラハルミの
マルチスライサー

納豆にしらすに、焼いたさつまあげの上にと、大根おろしが欠かせない。

人との出会いから、道具を選ぶ、という方法もあります。今まで、鉄製や、竹製の鬼おろしなど、あれこれ試してきたというかおりさん。急いでおろして手を怪我することもしょっちゅう。もう少し優しい素材がないかと探していたそう。そんなとき出会った料理家の栗原はるみさんが、こう言ったそうです。「大根おろしはね、ゆっくりすりましょう」。「そうか！　今まで急ぎすぎていたんだ、とハッとしました」。

その後、手に入れたのが栗原さんプロデュースのこのおろし器。

「木や金物は大根のすじが残ってきれいに洗うのが大変。でも、これならさっと落ちます。おろす↓絞る↓洗うがスムーズ。私には、立派な道具より、気楽に使えるコンパクトさが必要だったようです」。

無印良品の洗濯ネット

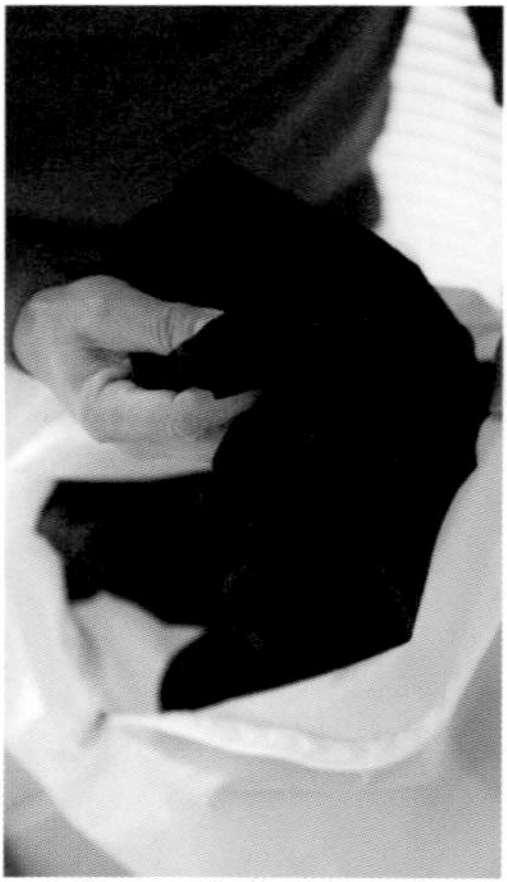

色の濃いものは、濃いものだけをまとめて。

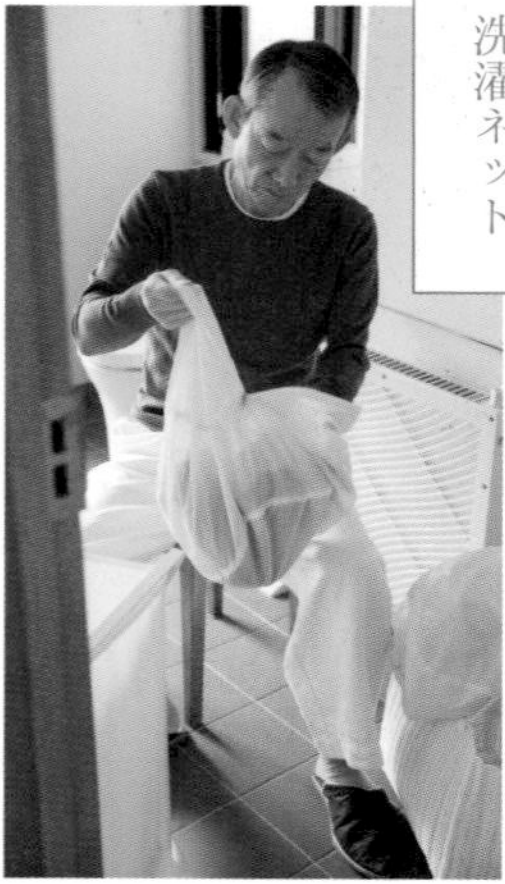

洗濯前に、すべての洗濯物を分類して、ネットに入れるのはターセンさんの役目。

引田家の洗濯担当は夫のターセンさん。1回目は枕カバーやパジャマ、洋服を。2回目はタオルと、毎日2回洗濯機を回すそう。洋服は黒いものと白いものを分け、靴下は1足ずつ裏返して、それぞれを洗濯ネットに入れて洗濯機へ。

「黒や紺など濃い色の服に、洗濯で出る細かい糸くずがつくのがイヤなんです。でも、この洗濯ネットなら、目が細かいからつかない。きれいに仕上げられるんだ

破れたり汚れてきたら、あらかじめストックしておいた新品に取り替える。

よね」とターセンさん。

丸型なので、洗濯槽の中で回転しやすく、洗濯物も片寄りにくいのだとか。

「真っ白で何の飾りもないところがいいですよね」とかおりさん。使わないときには、かごにひとまとめにして洗濯機横にスタンバイ。常に新しいものをストックしているそうです。

マキタの充電式クリーナー

掃除を後回しにしなくなる。
そんな掃除機です

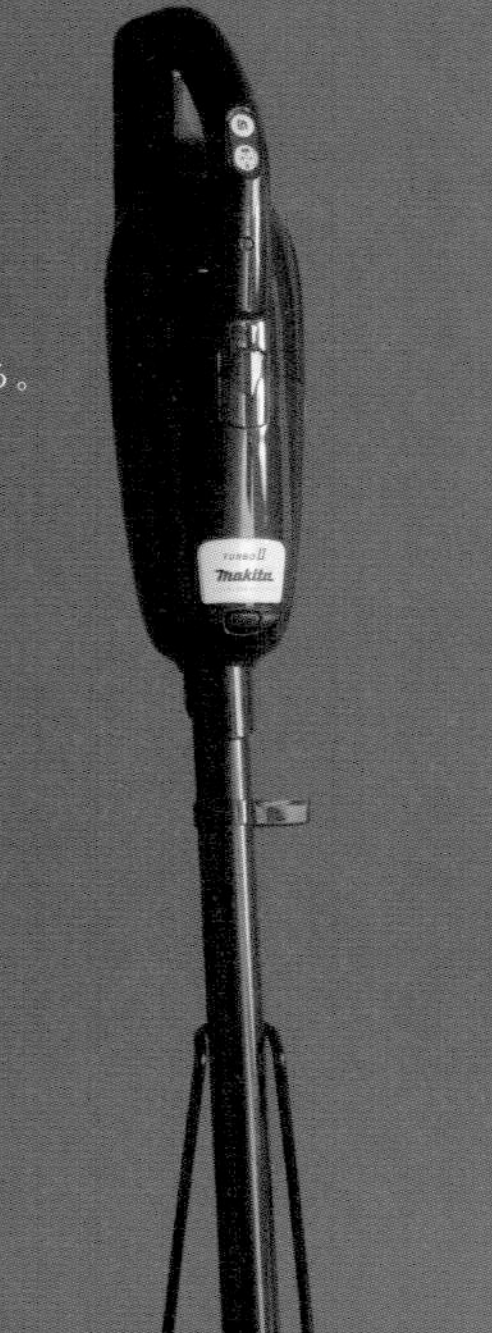

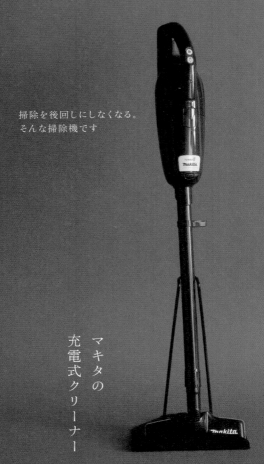

音が静かで軽い！
驚くべき進化の最新モデル

ダイソンの掃除機

マキタの充電式クリーナー

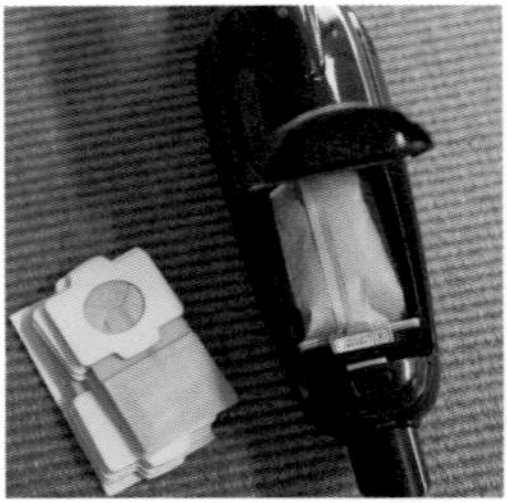
掃除機には、付属で使い捨ての紙パック10枚とゴミだけ捨てて繰り返し使える不織布パック1枚がついている。

引田さんが使っているのはターボつきクリーナー。ターボに切り替えると吸い込み仕事率が60%アップする。

掃除機はしまい場所も大きな問題。この専用スタンドがあれば、すっきりと立ててしまうことができる。

掃除は「いつする」と特に決めず、汚れに気付いたときに、ササッと。そんなかおりさんのスタイルにぴったりなのがこれ。なんと重量はたったの1.3kg。軽くて、気軽に取り出して使えるので、掃除が億劫になりません。

「コードレスだから、玄関や洗面所まで、どこでもパパッと使えます。1週間に一度『ダイソン』で徹底掃除をして、普段は『マキタ』で。そんなメリハリが〝き

れい〟をキープできるコツかな」。

新幹線の車両や駅、空港の掃除でも「マキタ」が使われています。そんな業務用と同じ直流モーターを搭載しているので吸塵力も確か。一度充電すれば「標準」なら連続30分使用可能です。黒いボディは「通販生活」オリジナル。モダンなルックスもお気に入りです。

ダイソンの掃除機

ワンタッチでゴミを捨てることができるが、細かい埃は、歯ブラシを使って掻き出すときれいに。

「僕はね、『ダイソン』の掃除機にしてから、生まれて初めて掃除を手伝うようになったんだよ」と笑うターセンさん。というのも人一倍臭いに敏感で、従来の掃除機の排気の臭いががまんできなかったそう。ところが、「ダイソン」にしてみたら、まったく臭わず驚いたのだと言います。

　さらに室内すべて絨毯敷きの引田家。2つのブラシを搭載し、スイッチ1つでナイロンブラシが高速回転

1週間に一度、ソファの下など、隅々まで掃除をする。毎週掃除をしても驚くほどゴミが取れる。

するので繊維に潜んだ埃も掻き出してくれるそう。昨年、新居に引っ越すにあたって、旧型からこのDC63型に買い換えたばかり。「軽くて、音が小さくて、驚くほど進化していたんですよ」とターセンさん。週に一度、これで念入りに掃除をするそうです。

ガムテープを切っても
ベタつきません

長谷川刃物の
はさみ

水分でコーティングしてから
焼くのがおいしさの秘密

バルミューダのトースター

長谷川刃物のはさみ

何度繰り返してガムテープを切っても、刃に糊がつかず、ベタつくこともなし。
使うときのストレスがなくなった。

荷造りをするときに、ガムテープを手で切るのが嫌い。きちんとはさみでカットして、使い終わりをピシッときれいにしておきたいというかおりさん。ところが、はさみを使うとガムテープの糊が、刃に付いてしまいベトベトに。

「クレンザーで洗ったりしたことも。なんとかならないかと、ずっとストレスだったんです」。

　そんなときに見つけたのが、この「ボンドフリー」

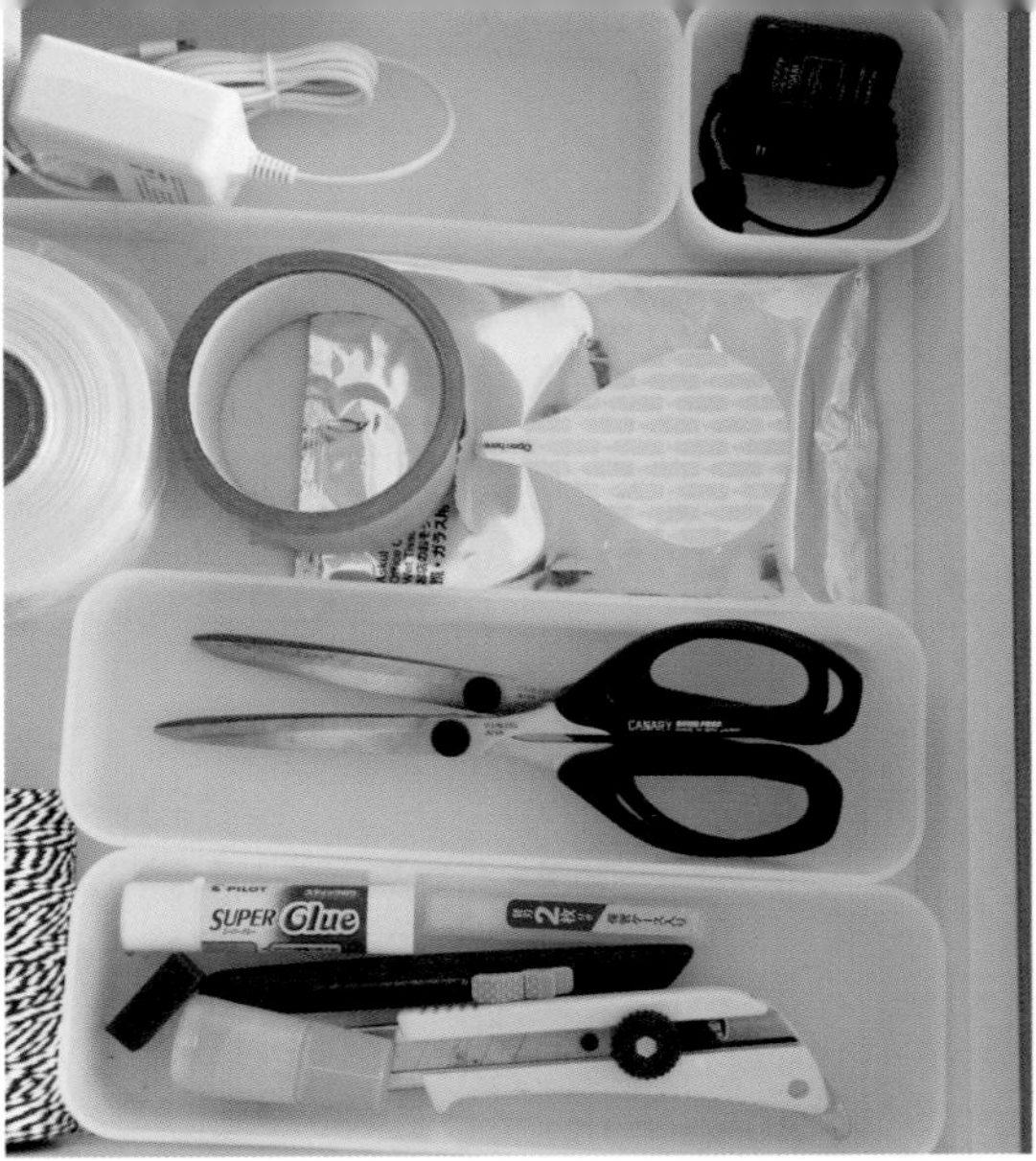

こちらは自宅の引き出し。「無印良品」のプラスチック容器で小分けして文房具を収納。はさみの定位置もここに。

という名前のはさみでした。刃の裏にフッ素加工を施し、さらに特殊な処理をすることで、その耐久性を高めているそう。ベタつきを防ぎ、スムーズな切れ味がずっと持続します。これは、長谷川刃物が特許を取得している技術なのだとか。

今では、自宅もオフィスもこのはさみで統一しているそうです。

バルミューダのトースター

「バルミューダ」の本社は、「ダンディゾン」と同じ武蔵野市にあります。そんな縁でトースターの開発に協力したそう。

「開発者が、どしゃぶりの日に小金井公園でバーベキューをしたんですって。そうしたら網で焼いたパンがとびきりおいしかった。それをヒントに、まずは水分でコーティングしてから、最後に表面をカリッと焼く、というスチーマー機能を備えたトースターを考え出し

庫内は、小さめのトースト４枚が並べられるサイズ。一度こんがり焼き上げたら、バターをのせてさらに少し温めると、バターがほどよく溶ける。

たそうです」とかおりさん。引田家では、焼き上がったらバターをのせて、余熱で溶かしてから取り出すのが定番。

さらに、「クロワッサンモード」も秀逸で、上だけが焦げることもなく、サクサクに仕上がります。「我が家では、お餅を焼くのにも愛用しています」。

肌触りのいい一枚布を
極上の眠りのためのシーツに

マロバヤの四角い布

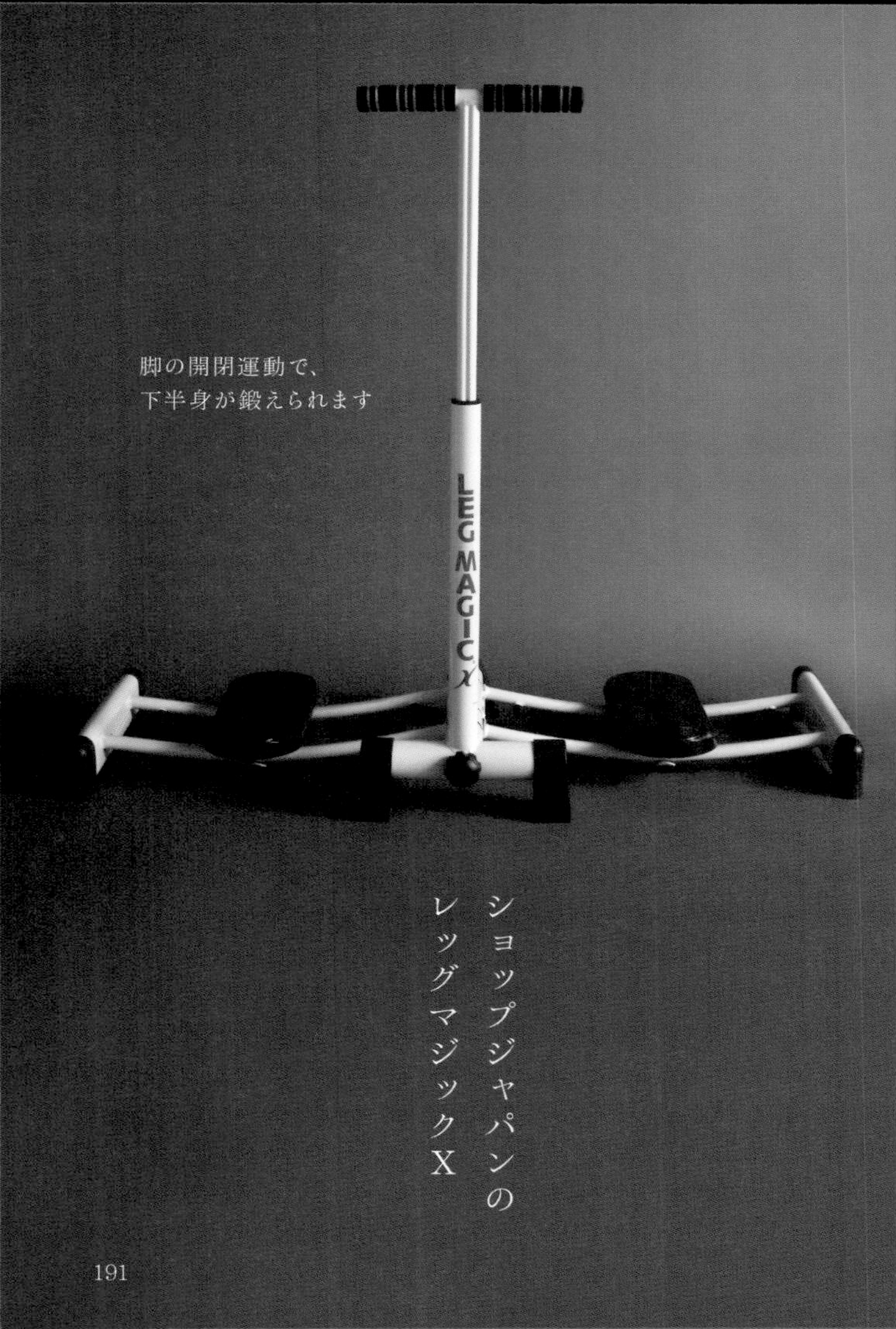

脚の開閉運動で、
下半身が鍛えられます

ショップジャパンの
レッグマジックX

マロバヤの四角い布

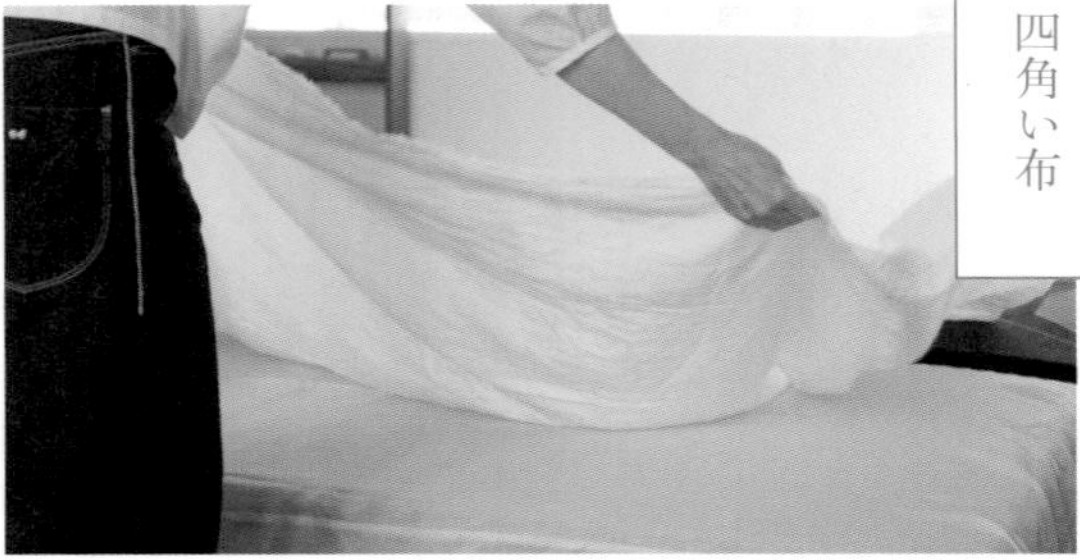

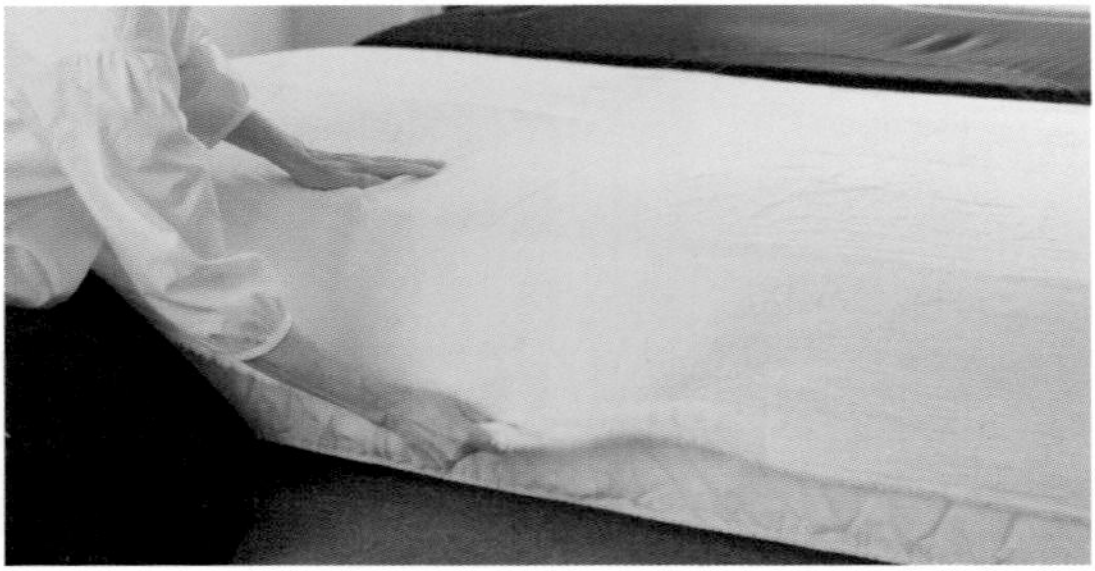

ボックスシーツをセットし、その上から「マロバヤ」の布を。

吉祥寺の「アウトバウンド」での展示会で、肌触りのよさに一目惚れしたというかおりさん。

「マロバヤ」は、上村晴彦さん、木村勇太さんの男性2人による「衣服と布製品にまつわる活動」の名前なのだそう。着たり、触ったりしながら、体と布の相性を感じ、探してもらいたいのだとか。思いもつかない使い方など、可能性を楽しんでほしいと言います。

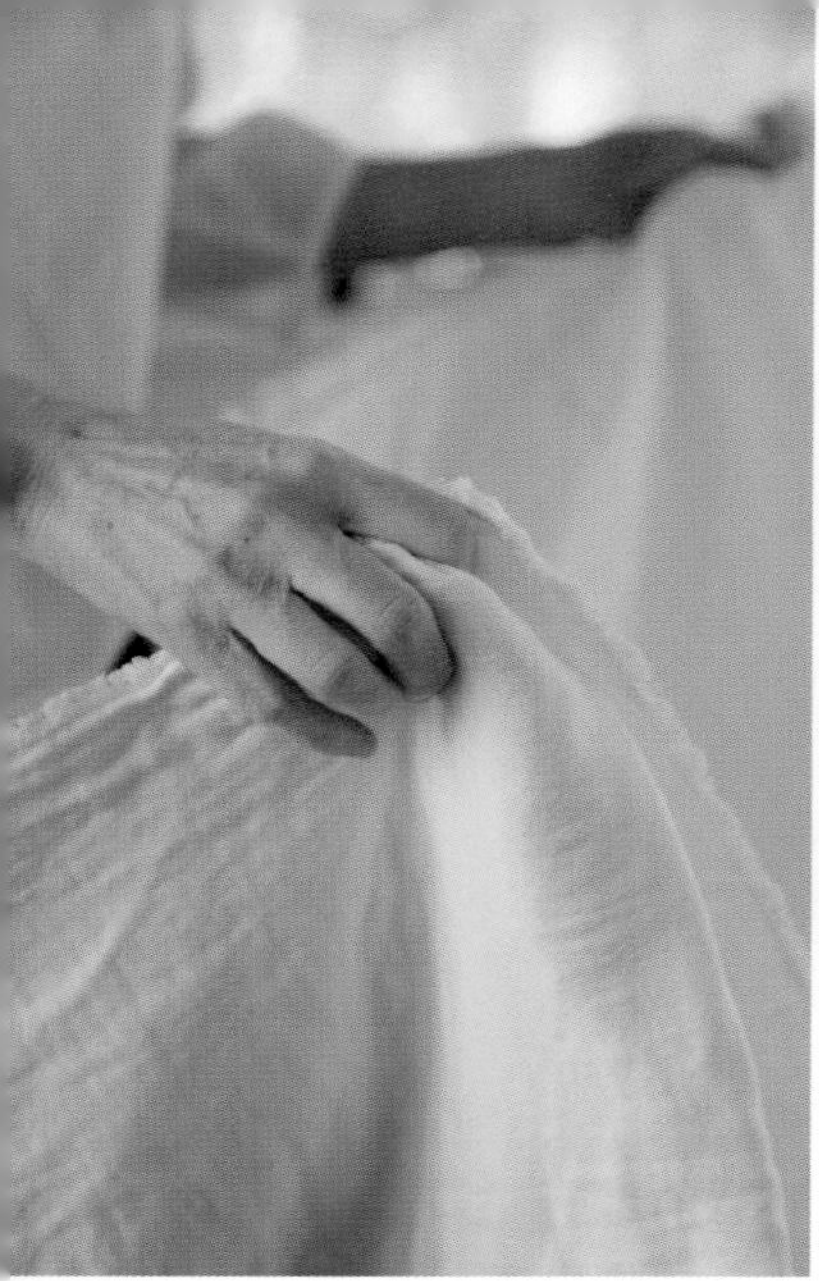

寝室内のクローゼットにシーツ専用のスペースを作った。シーツもきちんとたたんでここに収納。

「実は、これシーツではなく『四角い布』っていう名前なんです。この上で寝られたらどんなに幸せだろうと思ってシーツにすることにしました。夏はさらりと涼やかで、冬はなんとなく暖かいんですよ」。

普通のボックスシーツをセットした上に敷くと、ずれることもありません。たたんで棚に並べた姿まで美しいのもいいところです。

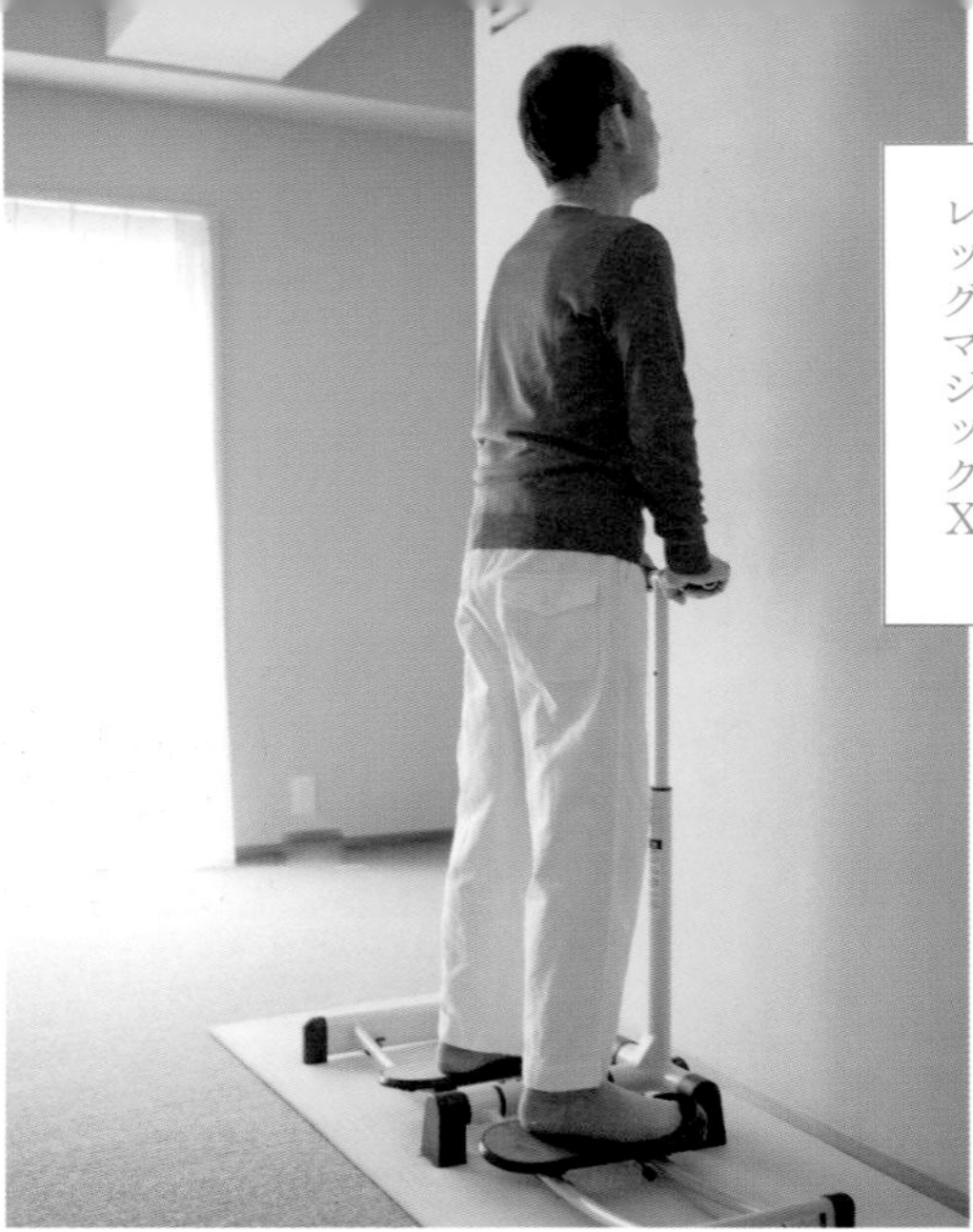

ショップジャパンの
レッグマジックX

「実は私たち、健康おたくなんです」と笑うご夫妻。これは、なんと「ショップジャパン」で買ったものなのだとか。

「なんとなく衝動買いした健康器具は、どれも途中で使わなくなって……。唯一これだけ、7〜8年使い続けているんです」。

特にターセンさんは、朝、お風呂に湯を張るのを待つ時間を有効活用して、毎日100回欠かさず続けているそう。ペダルに足をのせ

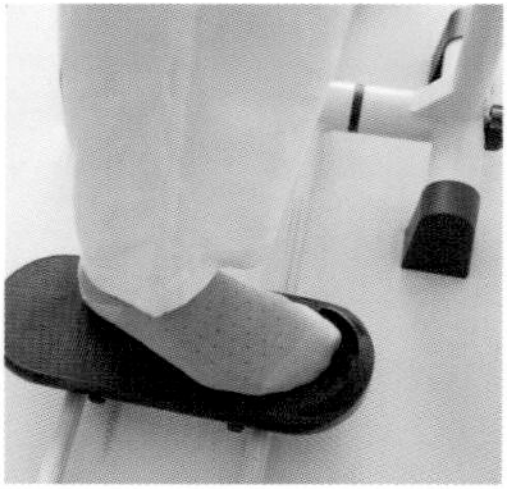

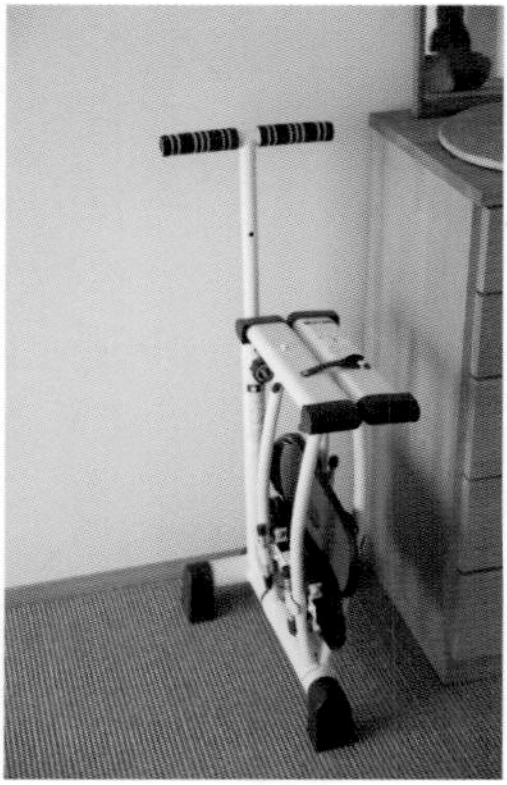

しまうときは折りたたんで。

グリップの高さは、身長に合わせて
自在に調整することができる。

て、開いたり閉じたりするだけですが、数回繰り返しただけで、プルプルしてきます。普段は使わない腿の外側、内側の筋肉がしっかり鍛えられている証拠。
「ゴルフで18ホール歩いてもへっちゃらになりました」とターセンさん。元気で幸せに暮らすために欠かせない道具です。

選ぶことと工夫して使うことはつながっている

料理の仕事をしているにもかかわらず、松本さんのキッチンにある道具は、そんなに多くはありません。「お菓子を焼くときには、粉ふるいの代わりにざるを使います。ないと本当に困る、というものでない限り必要ないと思うんです」。

どんな道具を選ぶかも大事ですが、もっと大切なのは、手に入れた道具をどう使うか。ざるなら、粉ふるいに使うことはもちろん、キッチンペーパーを敷いて油を濾すことだってできます。手元にやってきた道具を、「どう使おうか？」と考え、工夫を凝らす……。それは、とても知的な営みだと思います。

大学卒業後、料理家、平山由香さんのアシスタントとして働き始めたのがこの道に入るきっかけだったという松本さん。

「その後モーネ工房を主宰する、グラフィック工芸家の井上由季子さんと出会って、暮らし周りの道具

松本朱希子さん

広島県呉市生まれ。料理が好きな祖母、母の姿を見て育つ。京都の大学を卒業後、料理家平山由香さんのアシスタントを務めながら正食を学ぶ。京都のグラフィック工芸家、井上由季子さんが主宰する「モーネ工房」内で不定期で「かえる食堂」をオープン。結婚を機に上京。実家から届く野菜や果物を使い、旬に寄り添った滋味溢れる料理を提案。2016年に出産して産休を取得。現在は育児と両立しながら仕事を再開中。

にはこんな素晴らしいものがあるんだと衝撃を受けました。その頃から京都の辻和金網の金網でパンを焼くことを知り、手編みのお弁当箱に触れ、世界が広がっていったんです」。

ただし、どんな素晴らしい道具でも、すぐに買わないのが松本さんの密やかな頑固さ。

「お店に見に行ったら、一度家に帰って、日々の生活に戻り、『ああここに、あれがあるといいなあ』と思い浮かんだときに買うんです」。

さらに、一度「これがいい」と選んだら、「もっといいものがあるかもしれない」と欲張ることはしません。一期一会の出会いを大切に。だからこそ、ものが増えず、自分の手で「工夫」するための余白が生まれます。選ぶ、買う、使う。道具には、そんな時間のリレーが含まれているようです。

厚手、薄手の2つ持つことで
過不足なく、すべての作業に使えます

プエブコの
キッチングローブ

厚手のコットンニットですぐ乾きます。
ありそうでない
グレーの色がいいんです

サンクで買った
ディッシュクロス

プエブコのキッチングローブ

野菜を蒸したせいろを、火からおろすときにはも薄手のグローブで。

オーブンで温めたパンは、それほど熱くないので薄手グローブで。

茹でた麺の湯きりをするときは、厚手グローブで鍋をそのまま掴む。

「これを見つけるまで、熱いものを掴むときには、厚手の布巾で代用していたんです」と松本さん。

近所の雑貨屋さん、プエブコで見つけて手に入れたのがこれ。

「かわいい布で作った四角いものや、ミトンタイプはあるけれど、指がないと滑りやすいと思って、ずっと買わずに済ませてきました。でもこれは、5本指の軍手タイプだから、しっかり掴めて安心。色もかわいくて

気に入ったんです」。
2タイプを同時に購入。
革製の厚手グローブは、オーブンからトレイを取り出すときや、鍋を掴むときに。布製の薄手グローブは、温めたパンを持ったり、蒸し終わったせいろを移動させるときに。2つあることで、厚すぎる、薄すぎるというストレスなしに、すべての作業に対応できます。

サンクで買ったディッシュクロス

洗って干しておいても、引き出しにしまっても、生活感なくすっきり見える。

昨年、長女の橙《ゆず》ちゃんを出産したばかりの松本さん。内祝いを探しに行ったとき、北欧雑貨の店「サンク」で見つけたのがこのディッシュクロス。自分用にもと1枚買って、すっかり気に入り、今後もリピート買いしたいそうです。「いろんな色があるのですが、グレーはほとんど私が買い占めているかも」と笑います。

デンマークの「Solwang社」のもので、コットンニ

ット製。ブランドオーナーのおばあさまが手作りしていたものを再現したそう。吸水性がよく、洗って干しておくとすぐ乾きます。
「シンプルだから、キッチンに出しっぱなしでも嫌じゃない。これ以上好みのものはきっとないと思うので、少しずつ買い足して、統一したいと思っています」。

料理やドリンクに寄り添ってくれる
さりげない存在感が魅力です

木下宝作
グラスとピッチャー

使い切りサイズの
小ささがいい
食卓の名脇役です

工芸はなせの
しょうゆさし

木下宝作 グラスとピッチャー

お客様が来たときには、まずこのレモン＆ミントウォーターを。ピッチャーはおもてなしに大活躍。

ヨーグルトにジャムを添えるときに。このほかにもメープルシロップや、辛味オイルなどにも。

大きなピッチャーには、広島の実家でお父様が作ったというレモンとミントを入れて炭酸水を。小さなピッチャーには、いちごジャムを入れてヨーグルトに添えて。ころんと丸いグラスには、牛乳とハチミツで作ったババロアを。

「木下宝さんのガラスの器は、さりげない存在感が好きですね。個性的すぎないので、中に入れるものでガラリと表情を変えるんです。その料理に合わせてくれる

というか……。懐の深さと優しさがあると思います」と松本さん。
東京のギャラリー「夏椿」では、木下さんの個展に合わせて料理を作ったこともあるそう。
限りなく薄くて、まるでガラスが自分でなりたい形にす〜っと伸びたようなフォルム。そんな気持ちよさが宿るガラスの器です。

ババロアやコーヒーゼリーなどの冷たいデザートに。中身と器が一体となって美しい。もちろんドリンクにも。

工房はなせのしょうゆさし

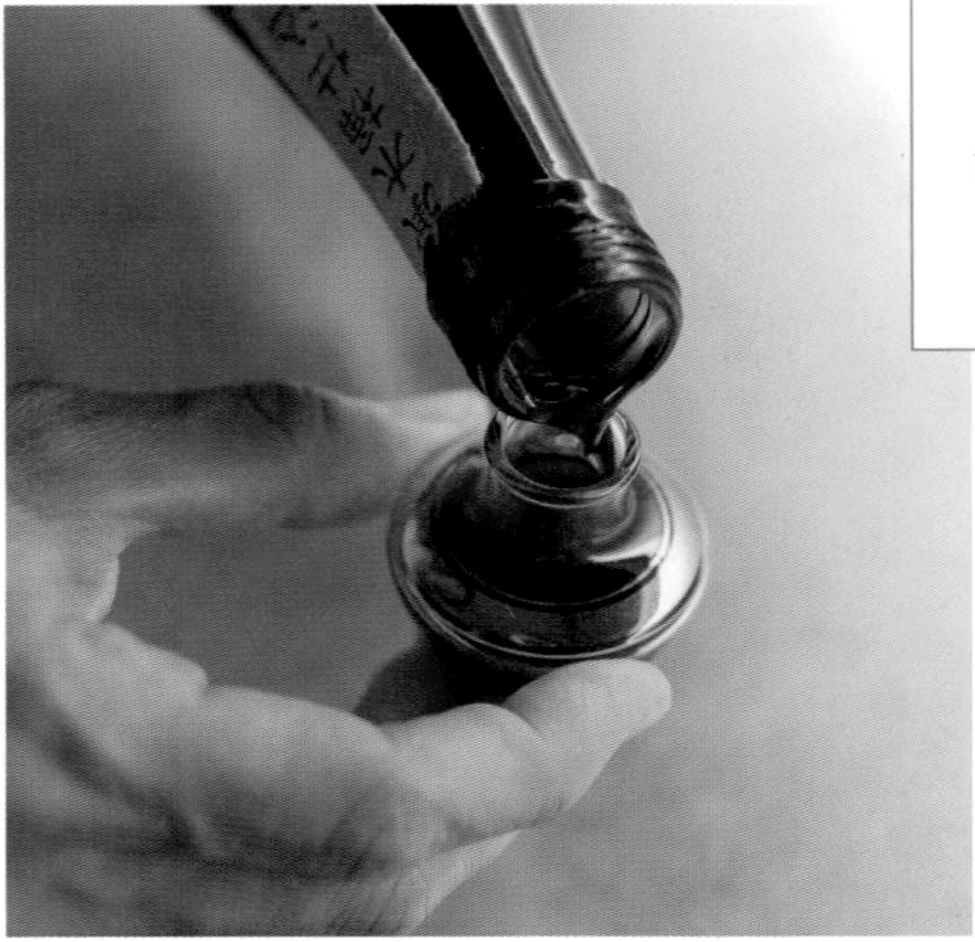

小さなロートも持っているが、注ぎ口が意外に大きいので、いつもビンから直接注ぐそう。こぼれることもなし。

「ずっといいしょうゆさしが見つからなくて。その都度小さな片口に入れて、余ったらラップをして保存していました。でも、冷蔵庫に入れると香りが飛んでしまって」と松本さん。

そんなとき、友人に教えてもらったのが、この小さく愛らしいしょうゆさしでした。小さいわりに、注ぎ口が大きいので、しょうゆビンから直接注いでも大丈夫。少量ずつ出るので、適量を注げるのもいいところ。

しょうゆは移し替えると、どうしても水分が蒸発して味が濃くなりがちです。これぐらい少量をその都度入れ替えるほうが、ずっとおいしく味わえるそう。

入れるものに合わせた「適量」という道具の選び方もあると教えられました。

イソップのトイレ消臭剤

ありそうで
なかった
トイレのための
アロマオイルです

四角くて細長い形は
靴の収納にぴったりでした

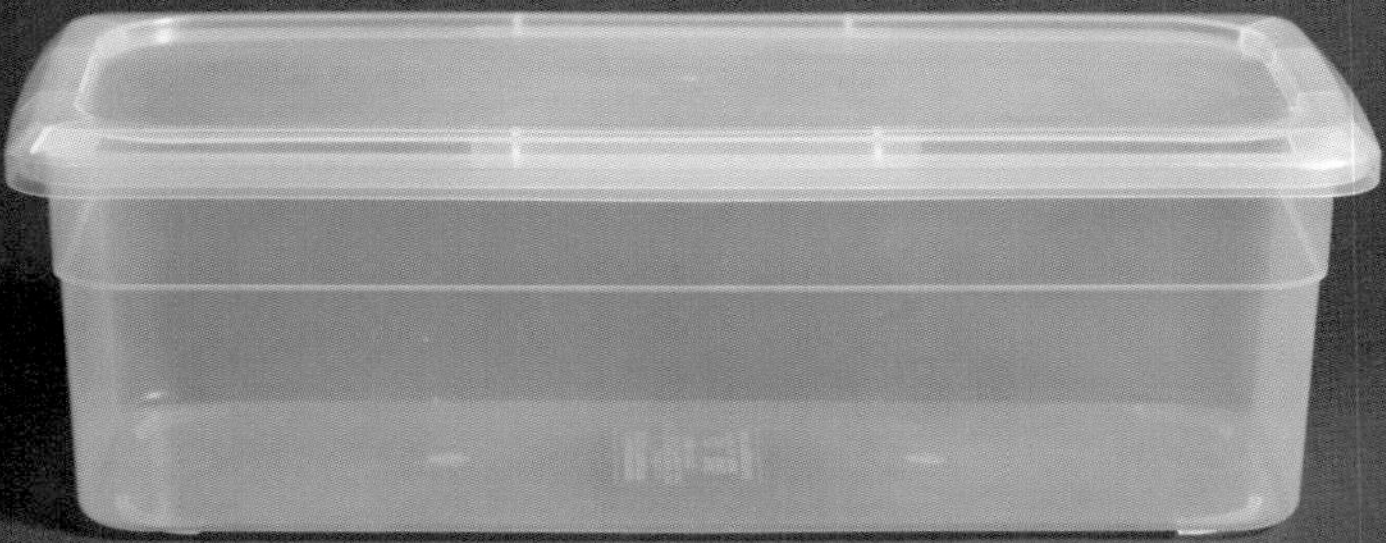

100円ショップの
プラスチックケース

イソップのトイレ消臭剤

スポイト式になっているので、トイレのタンクに垂らしても、水を流したときにトイレボウルに直接垂らしてもよし。

友達からいただいて以来、香りが気に入って、ずっとリピート買いしているというのが、この「イソップ」の「ポスト　プー　ドロップス」。レモンやマンダリンオレンジ、イランイランの皮油や花油などを配合したアロマオイルです。トイレのタンクに数滴垂らしておくと、流すたびにシトラス系のさわやかな香りが広がり、次に使う人への配慮にも。

「匂いの好みって個人差があるものですが、これは私も主人も気に入って、主人は仕事場でも使っているそう。それを見つけた同僚が、同じものを買って……と輪が広がっています（笑）」。

　多少高価ですが、1本買えば半年は持つそう。パッケージも素敵なので、置いておくだけでトイレのアクセントになります。

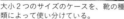

100円ショップのプラスチックケース

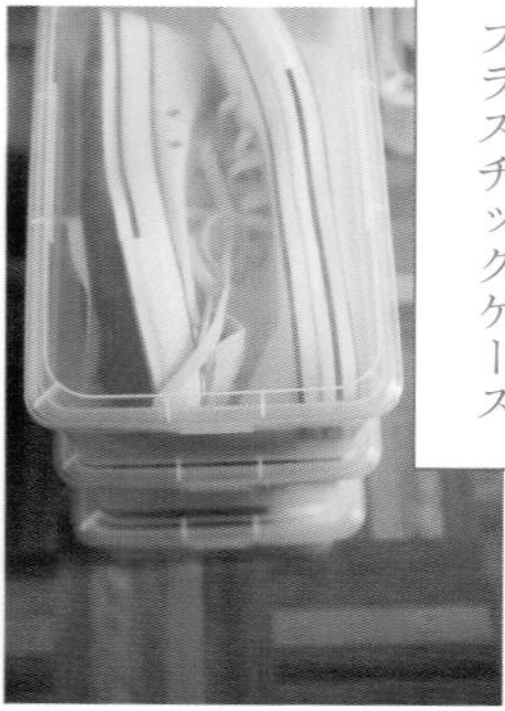
大小2つのサイズのケースを、靴の種類によって使い分けている。

2年前に、築38年のマンションに引っ越してきたときに、靴の収納をどうするかで頭を悩ませていたそうです。そんなとき、100円ショップで見つけたのが、この細長いプラスチックケース。

靴1足がぴったり収まるサイズだったので、これをスチールラックにずらりと並べ、夫婦ふたりの靴を整理整頓することにしたそう。スニーカーなど、かさばる靴用には、ひとまわり大き

なケースを手に入れました。
透明なので、外から見て、どこにどんな靴が入っているか一目瞭然なのがいいところ。きちんと重ねられて整理もしやすく、ふたを閉めれば防湿効果もあります。
「暮らしの道具すべてが自然素材でなくても、時には利便性重視で選んでもいいかなと思います」。

本書は、『明日を変えるならスポンジから　暮らしの道具を選ぶこと』（２０１７年８月／小社刊）を改題し、文庫化したものです。

掲載されている情報は、取材当時（２０１７年８月）のものです。
掲載されている商品はすべて私物であり、掲載商品の一部は、販売を終了しているもの、デザインを変更しているものがあります。あらかじめご了承ください。

一田 憲子（いちだ・のりこ）

1964年生まれ。編集者・ライター。ＯＬを経て編集プロダクションへ転職後、フリーライターとして女性誌、単行本の執筆などで活躍。企画から編集を手がける暮らしの情報誌『暮らしのおへそ』『大人になったら着たい服』（ともに主婦と生活社）は、独自の切り口と温かみのあるインタビューで多くのファンを獲得。全国を飛び回り、著名人から一般人まで、これまでに数多くの女性の取材を行っている。著書に『「私らしく」働くこと』『ラクする台所』（小社刊）『かあさんの暮らしマネジメント』（ＳＢクリエイティブ）などがある。自身のウェブサイト「外の音、内の香」主宰。
https://ichidanoriko.com/

底本デザイン　渡部浩美
写真　有賀 傑

マイナビ文庫

暮らしの道具の選び方
明日を変えるならスポンジから

2021年12月20日　初版第1刷発行

著　者　　一田憲子
発行者　　滝口直樹
発行所　　株式会社マイナビ出版
〒101-0003 東京都千代田区一ツ橋2-6-3 一ツ橋ビル2F
TEL 0480-38-6872（注文専用ダイヤル）
TEL 03-3556-2731（販売）／ TEL 03-3556-2735（編集）
E-mail pc-books@mynavi.jp
URL https://book.mynavi.jp

カバーデザイン　米谷テツヤ（PASS）
DTP　西田雅典（マイナビ出版）
印刷・製本　図書印刷株式会社

◎本書の一部または全部について個人で使用するほかは、著作権法上、株式会社マイナビ出版および著作権者の承諾を得ずに無断で複写、複製することは禁じられております。◎乱丁・落丁についてのお問い合わせは TEL 0480-38-6872（注文専用ダイヤル）／電子メール sas@mynavi.jp までお願いいたします。◎定価はカバーに記載してあります。

©Noriko Ichida 2021 ／ ©Mynavi Publishing Corporation 2021
ISBN978-4-8399-7844-0
Printed in Japan

プレゼントが当たる! マイナビBOOKS アンケート

本書のご意見・ご感想をお聞かせください。
アンケートにお答えいただいた方の中から抽選でプレゼントを差し上げます。
https://book.mynavi.jp/quest/all

M Y N A V I **B U N K O**

毎日毎日ご飯を作る、
8人の台所にまつわる物語
ラクする台所

一田憲子 著

献立、買い物、料理、片付け……。毎日のご飯づくりは「ラク」でないと続けられません。

本書では、日々の料理がスムーズになるように、さまざまな工夫を凝らしている8人の台所を取材しました。それぞれの台所にまつわる物語を写真とともに紹介します。

毎日の台所仕事をラクに、スムーズにするヒントが見つかる一冊です。

定価　1,078円(本体980円+税10%)

M Y N A V I **B U N K O**

おしゃれ上手のクローゼット収納術

わたしのクローゼット編集部 編

暮らしを大切にするおしゃれ上手さんたちのクローゼットを写真とともに紹介します。
快適なクローゼットの作り方をはじめ、デッドスペースの活用法やアクセサリー類の収納方法、自分らしいワードローブの作り方など、収納アイデアや暮らしに役立つヒントをあますことなく教えてもらいました。毎日の服選びがラクになる収納アイデアや 心地よい暮らしのヒントが満載です。

定価　1,078円（本体980円＋税10％）

MYNAVI BUNKO

住まいと暮らしのサイズダウン

柳澤智子 著

ものや家の広さ、従来の価値観や思い込みを手放す、暮らしのサイズダウン。サイズダウンをしてみたら、「維持費が安くなる」「家の選択肢が広がる」「家事の負担が少なくなる」……。そんな魅力がありました。サイズダウンの方法は十人十色。本書では、10の家族の“ものとの付き合い方”と、小さく暮らすサイズダウンのリアルを紹介します。住み替えを考えている方や、すぐには引っ越しをしないけれど、暮らしをサイズダウンしていきたい方に贈る、新しい暮らしの教科書です。

定価　1,078円（本体980円+税10%）

M Y N A V I **B U N K O**

小さな工夫で毎日が気持ちいい、ためない暮らし

梶ヶ谷陽子 著

家事も仕事も毎日のことなので、なるべくためずにその日のうちにすませるのが理想。そうはいっても「やらなければいけない」と思い過ぎると、常に家事や育児に追われてしんどいことも……。
本書では、人気整理収納アドバイザーが実践している、毎日の暮らしを快適に過ごすためのヒントを紹介。効率よく家事をやるための仕組みづくり、大人も子どもも片づけやすい収納方法、ストレスをためないための心がけなど、日々の忙しさに追われないための工夫が詰まった一冊です。

定価　1,078円（本体980円＋税10%）